要主動不要聲控
避免成為按鈕型員工！

愛找藉口、自以為是、整天裝忙……
你是同事眼中的雷隊友嗎？

蔡賢隆，楊林 著

優秀員工＝
埋頭苦幹的決心＋用心做事的智慧

沒有主見、工作績效超差，結果淪為辦公室邊緣人；
總是抱持功利心態做事，最後面臨被炒魷魚的窘境。
這些顯而易見的職場守則，根本不必老闆交代！

目錄

目錄

第四章　優秀員工等於埋頭苦幹的決心加用心做事的智慧

第五章　聽命行事重要，積極做事更重要

目錄

第七章　從優秀到卓越的祕密

目錄

前言

在現在的大多數企業內部，分工越來越細，每個人都在各自承擔著自己的責任。這時有些上司就會提出「這件工作，你只要負責其中的這一部分就可以了」的工作指令，或者只是交代員工怎麼去做，卻不告訴他們工作的全盤計畫。在這種環境下，容易培養出被動型的員工，他們只知道按照指令來行動，或者他們認為只要能夠按照指令來行動的話，自己就不用負太多的責任。然而，這種習慣對企業的員工來說，那是千萬要不得的。當一個員工有了這種習慣以後，他就很難有主動精神，很難在工作中獲得成就感，從而他也不會在工作中取得成績。最終，他也只能是平平庸庸，甚至被炒。

在實際工作中，那些只一味地習慣於一等再等，沒有指令就不會採取任何行動的人，其實已經養成了一種有百害而無一利的工作習慣。哪間公司都不喜歡這樣的員工，不需要這種「等待命令」的員工。

前言

如果你習慣於「等待命令」，那麼你首先就會缺乏工作積極性而降低工作效率；其次，你還會養成「有所為而為」的工作態度，或者只做你喜歡的工作。一個人一旦被這些消極思想左右，任何時候他都很難要求自己主動去做事。即使是被交代甚至是一再交代的工作，他也會想方設法去拖延、敷衍。事實表明，「等待命令」是對自己潛能的「禁錮」，從一開始就注定了平庸的結局。

如何改變這種狀況呢？答案就是充分發揮自己的主動性，做有些事情時不必老闆交代。

主動性展現了旺盛的生命激情。工作中存在的種種困境，大都不是客觀原因造成的。如果勇於面對那些看似不利的局面，不斷激發熱情、開拓思維、提高能力，那麼棘手的問題也會迎刃而解。在困難面前，「以後再說」既增加了執行的難度，也損害了自信心，使公司績效蒙受損失。

主動是一種態度，更是一種可貴的風範，它反映在人的思維，行動以及整體的氣質面貌上。能有效的激勵自己，更大限度地促進人的潛能開發。

上帝拯救自救之人，說的就是主動！

本書將向你剖析職場生存和奮鬥法則，認真把它讀完，尋找工作中的捷徑，你就能輕鬆成為老闆眼中最優秀最不可或缺的員工，你的職場之路必將一帆風順。

第一章　老闆不是「管家婆」，有些事你需要自己操心

老闆不在時，你就是老闆

在一個伸手不見五指的晚上，在一條偏僻的公路上，一位年輕司機在送貨途中汽車拋了錨：汽車輪胎被釘子刺得沒氣了！

年輕司機下來翻遍了工具箱，卻沒有找到最重要的工具千斤頂。怎麼辦？這條路半天都不會有車輛經過！

就在這個時候，他遠遠看見一座有微亮燈光的房子，於是，他便想試試運氣去那戶人家看他們有沒有千斤頂。

在路上，這個年輕的司機不停地想：

「要是房子裡沒人？」

「要是人家沒有千斤頂怎麼辦？」

「要是人家有千斤頂，卻不肯借給我，那又怎麼辦？」

照著這種思路想下去，他越想越憤怒，當走到那間房子前，敲開門，主人剛出來，他就衝著人家劈頭蓋臉的罵了一句：

「可惡！一個破千斤頂有什麼值得稀罕的！我呸！」

主人丈二金剛摸不著頭腦，以為碰到了瘋子，「砰」地一聲把門關上了。

就是這樣，這個年輕的司機一路上都在為失敗找可能的藉口，因為他在嘗試之前已經給自己堆砌了一大堆的不可能的理由，最終連成功的機會都喪失了。

與此相似的是，「老闆不在」恰好是某些員工不好好工作最「理直氣壯」的藉口之一。

「老闆不在，做也是白做？」

「老闆不在，我不負這個責任！」

其實，在每個這樣的藉口背後，都隱藏著含義豐富的潛臺詞，只是我們不好意思說出來，或者根本不願說出來。那就是：我是為老闆工作，他不在自然不需要那麼賣力。

但這些員工不知道，藉口的代價是無比昂貴的，它帶給我們的危害一點不比其

他任何惡習少。事實上，公司或老闆最缺少的就是那種想盡辦法完成任務的員工，是那種能夠把信送給加西亞（編按：西元一八九〇年美國總統麥金萊把一封信交給了一位叫安德魯．羅文的中尉，要求他把信送給遠在古巴的加西亞將軍。羅文中尉出色地完成了任務，他沒有提出任何問題，而是自動自發地完成了此任務。）和那些能夠忠實地完成上司交付的任務而沒有任何藉口和抱怨的員工，而不是想方設法替自己尋找藉口的員工。

「不找任何藉口」展現了一個人對待工作的積極態度。既然我們選擇了這個工作，既然我們選擇了這家公司，既然我們選擇了這個職位，我們就必須承擔起對這家公司的責任，而不是僅僅享受它為你帶來的利益和快樂。就算有批評和屈辱，那也應該作為這個工作的一部分坦然接受，勇敢面對。

有些員工經常會這樣說：「工作不是我們為了謀生才做的事，而是我們要用生命去做的事。工作就是付出努力。」但現實中發生的事情恰恰相反，一些員工常常喜歡從外在環境來為自己尋找種種藉口和理由，不是抱怨職位、待遇、工作環境，就是抱怨同事、上司或老闆，而很少問問自己：我努力了嗎？我真的對得起這份工作嗎？

要想成為一名合格的員工，我們每一天都要回顧自己的工作，並且應該捫心自問：「我是否付出了全部的精力和智慧？是否完成了自己所設定的目標？是否對得起自己的薪水。」

在公司裡，員工千萬不能以「老闆不在」為藉口。工作中不找藉口，看似冷漠，缺乏人情味，似乎只能適合在軍隊等特殊團隊實行，但它卻可以激發出一個人以及一個團隊最大限度的潛能。並且，尤為重要的是，你要時刻提醒自己：你是主人，不是奴僕。你是為自己工作！

將這條準則應用到自己的工作中，有著非常重要的實際意義，這將使你在工作中不會把過多的時間浪費在尋找藉口上，而是想方設法地完成任務。

犯錯也罷，失誤也好，再完美的藉口對事情的改變都沒有一點點意義。與其費盡心思尋找藉口，倒不如仔細想一想，下一步究竟該怎樣去做，該怎樣彌補。反過來說，面對失敗，如果將下一步的工作做好了，失敗也就成為成功之母。這樣一來，原來失敗的藉口也就不用找了。

在具體的工作中，每一個員工都應當丟棄那種處處以「老闆不在」為藉口的想

法。工作中，積極主動多花時間去尋找解決問題的方法，反覆試驗，多方論證，調整平和的心態，多做實事，相信一定可以找到解決問題的辦法。這樣做的理由只有一個：你是為自己工作。老闆不在，你就是老闆！

別把問題留給老闆「扛」

老闆是負責公司整體管理、為公司制定發展策略的人，而不是全體員工的「問題匯總站」。老闆僱傭員工的目的，就是解決工作中的各種問題。老闆有老闆自己的問題需要解決，而員工也應該意識到，解決問題是自己的工作職責。所以，工作中遇到問題時，要明白到這是自己分內的事。能夠解決問題，就有更多發揮潛能的機會，同時也能建立起自己的職場信譽和形象。

職場上，很多人會有這樣一種錯誤認知，那就是老闆應該比員工更積極，因為那是他自己的公司，而員工只不過是受僱於人。因此，解決問題是老闆的事，員工要做的只是執行命令。

其實，在工作的過程中，不論級別、不分工種，所有人都免不了會遇上許多問題、挑戰、壓力，而解決這些問題，化解這些麻煩，也正是企業老闆聘用員工的目的所在。所以，在自己的工作職位上，一定要知道如何及時處理問題，如何正確地解決問題，切記不能把問題都留給老闆或上司。

一九九九年，曾是美國第一大零售商的凱瑪特開始顯露出走下坡的跡象，有一個關於凱瑪特的故事廣泛地流傳。

在一九九九年的凱瑪特總結會上，一位高級經理認為自己犯了一個「錯誤」，他向坐在他身邊的上司請示如何更正。這位上司不知道如何回答，便向上級請示：「我不知道，您看怎麼辦？」而上司的上司又轉過身來，向他的上司請示。這樣一個小小的問題，一直推到總經理帕金那裡。帕金後來回憶說：「真是可笑，沒有人積極思考解決問題的辦法，而寧願將問題一直推到總負責人那裡。」

二〇〇二年一月二十二日，凱瑪特正式申請破產保護。

與竭力尋找藉口的員工不同，有些員工沒有做好工作時會直接對老闆說：「您看怎麼辦？」這種坦誠似乎比找藉口好一些，但事實上，在老闆聽來，「您看怎麼辦？」

的潛臺詞就是「這是件麻煩的事情，還是您親自介入並幫助我們解決吧」。

在企業的發展過程中，總會不可避免地遭遇到各種問題的困擾。它們的出現，就像太陽日升夜落般自然。所以，老闆們迫切需要那種能及時解決問題的人才。

在老闆眼中，沒有任何事情能夠比一個員工處理和解決問題，更能表現出他的責任感、主動性和獨當一面的能力。一個經常為老闆解決問題的人，當然能得到老闆的青睞。首先，他沒有讓問題延誤，釀成大患；其次，他節省了老闆的心力，老闆因此可以把精力集中到更重大的問題上。有了這樣的員工，老闆就少了很多後顧之憂。

卡內基曾經在賓夕法尼亞州匹茲堡鐵道公民事務管理部擔任小職員。一天早晨，他在上班途中看到一列火車在城外發生車禍。此時，情況危急，但是其他人還沒有上班，一時間，他不知道怎麼辦才好，打電話給上司，卻聯絡不上。

怎麼辦？面對這種危急的情況，他知道多耽誤一分鐘，都將對鐵道公司造成非常巨大的損失。儘管負責人還沒有來，但他也不能眼睜睜地袖手旁觀。於是，卡內基以上司的名義，發電報給列車長，要求他根據自己的方案快速處理這件事，並且在電報上面簽下了自己的名字。他知道這樣做嚴重違反了公司的規定，將會受到嚴厲的懲罰，甚至可能被辭退。

幾個小時後，上司來到自己的辦公室，發現了卡內基的辭呈及其今天處理事故的詳細情形。但是，一天過去了，兩天過去了，上司一直沒有批准卡內基的辭職請求。卡內基以為上司沒有看到他的辭呈，於是，第三天的時候，他親自跑到上司那裡，說明原委。

「年輕人，其實你的辭呈我早已看到了，但是我覺得沒有辭退你的必要。因為你是一個具有最優秀的職業精神的員工。你的所作所為證明了你是一個主動做事的人，因此對於這樣的員工我沒有權力也沒有意願辭退。」

卡內基簡直不能相信自己的耳朵，他沒有想到上司不但沒有辭退他，反而還表揚了他。

解決問題，就是要抓住機遇，因為機會總是喬裝成「問題」的樣子。

身為公司的一員，你要想讓老闆器重你，就必須想方設法，使他信任你。而要想使老闆信任你，就必須能夠化問題為助力，做到面對任何問題都能聲色不變，泰

然處之，並妥善解決。善於動腦子分析問題並能妥善解決問題，給老闆的印象是金錢買不到的。

在企業中，我們看到很多職員在工作中不盡心盡力，不僅沒有創造價值，反倒留下一大堆問題。他們的想法是：我能做到什麼程度就做到什麼程度，反正公司是老闆的，他不可能不管，我做不好，他自然會來替我做。更有甚者，他們在接受任務時，就採取拒絕的態度，說「我做不了」。

這是多麼危險的工作態度啊！如果你不盡力，老闆被迫親自來解決你工作中的問題時，那麼，你離丟掉飯碗的日子也就不遠了。

你和老闆的工作關係是這樣的：你執行老闆分配的工作，而不是你安排老闆的工作。身為員工，不管是接受任務時，還是在完成任務的過程中，都應該堅定地認為：自己的問題必須自己解決！

所以，工作中遇到林林總總的問題時，不要幻想逃避，也不要猶豫不決，更不要依賴他人意見，而要勇於作出自己的判斷。對於自己能夠判斷，而又是本職範圍內的事情，要大膽地去做決定，不必全部請教老闆，讓問題在你那就解決掉吧！解決了這些問題，你才能迎向新的契機。而當周圍的人們都喜歡找你解決問題時，你無形中就建立起了善於解決問題的好名聲，取得了勝人一籌的競爭優勢，老闆必然就會知道你是個良才。

沒有必要的理由，就不要隨便請假曠工

在一家大的出版社裡有一位大學畢業的年輕人，他很有才幹，但他常常缺勤，有時甚至連假都不請就去辦自己的私事。他已經工作一年多了，他本來是有機會升遷的，但就因為他這個毛病，在考慮升遷人員的名單裡，他的名字一次一次地被劃掉。

老闆並非不准員工請假，一個正常的人，生病是在所難免，身為一個社會人士，有事也同樣不能避免。但是，在工作繁忙的情況下，老闆很不高興下屬請假，這種心態是無可厚非的，要知道，任何人當了老闆都不希望下屬經常離開工作職位。

員工經常缺勤請假，從某種意義上說是對工作不積極，沒有把全部精力投到工

作上來，這樣必會給老闆留下不良印象，也必定會影響你的升遷。所以，不要輕易缺勤請假。

在現今的公司制度之下，因為分工的實行，個人應該分擔的責任相對地減少；相形之下，出勤的程度自然突顯成為評定考績的重要標準。由此可見，員工對於休假所持態度，對於個人的升遷和對公司的整體發展有著極其重大的影響。這種現象和趨勢，對於基層人員及部門主管人員影響力更大。

當老闆在評價兩個實力相當的員工，以及決定給他們獎賞和升遷時，有很多指標都是模糊的，最後他們的出勤時數就有可能作為參考衡量的指標之一。在此情形下，諸如責任心、合作精神、創造性等等，往往反而會讓位並處於次要的地位。

在工作當中，切不可做一個先斬後奏的自由主義者。如果要請假，應該事前向上級主管報備，待獲得允許後，你才能離開工作職位。請假的方式和頻率，往往也成為公司評價你的重要依據。公司將以此評定一個人的工作態度，進而直接影響到你的考核成績。無論如何，不可肆無忌憚地想請假就請假，也要多為老闆和公司設想。當心留下不良的紀錄，影響自己的業績考核和升遷。

一個人或一個公司的形象是很重要的，經常缺勤請假不僅會影響自己的形象，還會影響公司的形象，甚至還會影響別的員工也缺勤請假，一個人不積極會帶來整個團隊的不積極，有這樣嚴重的後果，你還會經常缺勤請假嗎？

你是「按鈕型」員工嗎

在工作當中，我們常常看到這樣的員工，他們只做老闆明確要求他們做的事，像電腦鍵盤一樣去執行，看似勤奮守紀，但卻不會把工作做得更深入，也不主動去考慮問題的本質，更不會延伸自己的工作範圍。這樣的員工就像機器人一樣，按一下按鈕才動一下，所以被稱為「按鈕型」員工。

「按鈕型」員工最大的特點就是缺乏主動性，只知道機械地完成任務，缺乏對工作的熱情，對工作中出現的問題往往視而不見，問題發生的時候，往往停步不前，或者做無用功。

究其原因，「按鈕型」員工是害怕承擔責任，並沒有真正重視自己的工作，所以

才會逢事必問老闆。表面上，看似謹慎處事，實則是在逃避問題，把問題推給了老闆去處理。身為一名員工，需要的不是逃避問題、把問題推給老闆，而是盡其所能地把遇到的問題解決掉。

從前，有兩個同齡的年輕人同時受僱於一家零售店鋪，並且拿同樣的薪水。

可是一段時間後，叫約翰的年輕人青雲直上，而那個叫湯姆的卻仍在原地踏步，湯姆很不滿意老闆的不公平待遇，終於有一天他到老闆那兒發牢騷了。老闆一邊耐心地聽著他的抱怨，一邊在心裡盤算著怎樣向他解釋清楚他和約翰之間的差別。

「湯姆，」老闆開口說話了，「你等等去市場上看一下，看看今天早上都賣些什麼。」

湯姆從市場上回來向老闆匯報說：「今早市場上只有一個農夫拉了一車馬鈴薯在賣。」

「有多少？」老闆問。

湯姆趕快戴上帽子又跑到市場上，然後回來告訴老闆一共四十袋馬鈴薯。

「價格是多少？」

湯姆又第三次跑到市場上問來了價錢。

「好吧，」老闆對他說，「現在請你坐到這把椅子上一句話也不要說，看看別人怎麼做。」

約翰很快就從市場上回來了，並匯報說，到現在為止只有一個農夫在賣馬鈴薯，一共四十袋，價格是多少；馬鈴薯品質很不錯，他還帶回來一個讓老闆看看。昨天那個農夫鋪子裡的番茄賣得很快，庫存已經不多了。他想這麼便宜的番茄老闆肯定會要進一些的，所以他不僅帶回了一個番茄做樣品，而且把那個農夫也帶來了，他現在正在外面等回話呢。

此時老闆轉向了湯姆，說：「你現在肯定知道為什麼約翰的薪水比你高了吧？」

工作需要一種積極、主動的精神，主動工作的員工，將獲得更好的發展空間和更優渥的待遇。向老闆詳盡地匯報蔬菜資訊看似簡單，但都要求員工必須具備一種腳踏實地的務實態度，一種主動的責任心，一種為老闆細心考慮的忠誠。也正是這些，讓他們在各式各樣的工作中找到超越他人的機會，並在其中表現出能夠勝任更

高等級的工作，然後責任和報酬就接踵而至了。

與其形成鮮明對比的是像湯姆那樣的「按鈕型」員工，他們不但不會主動去做老闆沒有交代的工作，甚至老闆交代的工作也要一再督促才能勉強做好。這種被動的態度自然會導致一個人的積極性和工作效率下降。久而久之，即使是被交代甚至是一再交代的工作也未必能把它做好。

或許「按鈕型」員工可以暫時躲過裁員，但卻很難得到晉升的機會。道理很簡單，如果你只是盡本分，或者唯唯諾諾，對公司的發展前景漠不關心，你就無法獲得額外的報酬，你只能得到屬於你應得的那一部分，甚至更少。

劉天剛進公司的時候，在一次閒談中，老闆提到了他朋友的企業中已經實行了電腦管理，老闆對此十分羨慕。劉天覺得這是自己的一個機會，於是在隨後的一週內他突然開始學習電腦管理方面的知識，並與提供電腦管理軟體的公司聯繫，並開始起草企劃書。

在充分準備之後，他向老闆提交了一份在企業內全面啟用電腦管理的企劃書，並有詳細的預算和實施企劃。老闆看完企劃以後非常欣賞，就決定由劉天實施這項企劃。公司加入電腦管理之後，工作與以前的作業方式有很大的改變，劉天也自然成了公司正常營運不可缺少的重要人員。

劉天的成功不是運氣，而是在於他能主動地去發現問題，可見，主動本身就是一種特殊的行動，一種美德。那些積極主動去對待工作的人，不管在哪一行都會很吃香。

做一名主動工作的員工，主動把安排的工作按時完成，同時把老闆未想到的地方做到位，在工作事項前後做好銜接和鋪墊，並且總能超出老闆的期望，雖然這需要付出更多的精力和時間。但對於這些工作主動性強的員工，老闆會把更多的工作給他，也會把更重要的工作給他，因為他的工作會讓老闆更放心、更省力，而對於員工來講，你得到了更多的鍛鍊，並能獲得更寶貴的工作經驗和職業經驗累積，職業發展前景自然看好。

所有的知識都是相通的，所有的事都在提升你的能力。不做「按鈕」式員工，不只做老闆告訴你做的事，主動去發現和挖掘工作，你的成長會比你想得更快。

不要只做自己分內的工作

工作有分內分外之分，有些員工對於分內的工作還算做得紮實。然而，對於分外的工作就淡然處之，甚至事不關己，這樣的工作態度肯定得不到老闆的賞識。

身為一名優秀的員工，不僅要盡職盡責地完成分內的工作，還要盡自己的力量去做一些分外的工作。這種對分內工作盡職盡責，分外的工作只要有益於人、有益於工作單位、有益於社會的事情也會熱心去做，且盡力而為的人，一定會得到大家的尊重和敬仰，也一定會受到老闆的器重和企業的重用。

大多數的成功者都不只是局限於做了自己分內的事就走向成功的。所以，我們還應該比自己分內的工作多做一點，比別人期待的更多一點，如此才能取得更好的成績。

小林去人力發展中心應聘工作時，隨手將走廊上的紙屑撿起來，放到垃圾桶裡。他這一舉動恰好被路過的面試官看到了，因此他在眾多的求職者中脫穎而出，得到了一份很好的工作。原來獲得成功也很簡單，養成一個好的習慣，只要是有益的事，不分分內分外都積極去做就可以了。

有些人只求分內的工作盡職盡責，老闆沒有安排的工作或者是自己職責範圍以外的工作就不會主動地去做了，更不會發揮自己的主觀能動性去開創工作。那麼，這些人的工作往往也只是平淡、平庸，不會有突破，更不會有建樹。

別局限於做自己分內的工作，而應該堅持每天都為工作單位、為企業或者為別人做了一些有益的分外的事。這種率先主動的精神是一種極為珍貴、備受看重的素養。這種素養能影響你身邊的人，也能使自己變得更加敏捷、更加富有激情。

無論你是管理者，還是普通職員，別局限於做自己分內的事，抱著這種工作態度能使你從競爭中脫穎而出。你的老闆、委託人和惠及到的人都會注意你、依賴你，從而給你更多的發展空間、更多的機會。

道尼斯先生最初為杜蘭特工作時，職位很低，後來成為杜蘭特先生左膀右臂，擔任其下屬一家公司的總裁。他之所以能如此快速地升遷，祕訣就在於他不局限於做自己分內的工作。

在為杜蘭特先生工作之初。道尼斯就細心地觀察到：每天下班後，所有的中層

幹部和員工都回家了，可杜蘭特先生仍然會留在辦公室裡繼續工作到很晚。因此，道尼斯決定下班後也留在辦公室裡，看杜蘭特先生有什麼需要。在加班時，杜蘭特先生經常找文件、影印資料，最初這些工作都是他親自來做。很快，他發現道尼斯一直在辦公室裡，並主動要求看有什麼可以幫助的。有些工作杜蘭特就自然地安排道尼斯來做，時間一長，杜蘭特逐漸養成了差遣道尼斯的習慣。

道尼斯這種不局限於做自己分內的工作作風和態度，得到了杜蘭特先生的肯定並受到重用。

這個案例告訴人們，別局限於做自己分內的事，做一些分外的有益的事，也許會占用你的休息時間。但是，你的行為會使你贏得良好的聲譽，並增加他人對你的賞識和需求。

但遺憾的是，大部分人都覺得只要盡職盡責完成老闆分配的任務就可以了，尤其是對於那些剛剛踏入社會的年輕人來說更是如此。

如果你是一名貨運管理員。也許可以在發貨清單上發現一個與自己的職責無關的未被發現的錯誤；如果你是一個地磅人員，也許可以質疑並糾正磅秤的刻度錯誤，以免公司遭受損失；如果你是一名郵差，除了保證信件能及時準確到達，也許可以做一些超出職責範圍的事情……這些工作也許是專業技術人員的職責，但是如果你做了，就等於播下了成功的種子。

在我們周圍有很多人只做自己分內的工作，並將分內分外用明確的界線劃得很清楚，或多做一點就要求報酬，殊不知這對自己工作能力的提高是一個很大的障礙，久而久之老闆就會對你失去好感。

付出多少，得到多少，這是一個眾所周知的因果法則。也許你的投入無法立刻得到相應的回報，但不要氣餒，應該一如既往地多付出一點，回報可能會在不經意間以出人意料的方式出現——晉升或者加薪。

大多數情況下，即使你沒有被正式告知要對某事負責，你也應該努力做好它，即使你把事情搞砸了，只要你勇於承擔責任，那麼你就是一個優秀的人，職位和報酬也會接踵而至。很多時候，分外的工作對於員工來說是一種考驗，能夠把它做好，也是能力的展現。

掌握做事的分寸，千萬不要越老闆的位

下屬在與老闆相處的過程中，假如在言語或行為上超越了分位，違背了職場規則，就屬於越位。越位的情況往往分為下列幾種：

一、**決策越位**

處在不同層次上的職員的決策權是不同的，有的決策是下屬能夠做出的，有的高層決策則由老闆做出。若必須由老闆決策的工作，你做出了決策就屬決策越位。

二、**角色越位**

有的場合，比如宴會和應酬接待，老闆與下屬在一起，要恰當地突出老闆，不要喧賓奪主，假如你表現得太多，屬角色越位。

三、**程序越位**

有的既定方針，在老闆沒有發布消息以前，你若搶先透露了消息，屬程序越位。

四、工作越位

有些工作由老闆做，有些工作由下屬做。假如你為了顯示能力，或者出於對老闆的關心，做出一些由老闆做的工作，就屬工作越位。如果被老闆懷疑另有企圖，那就更糟了。

五、表態越位

表態是人們對一件事情或者問題的回答，它是和人的身分聯繫在一起的，假如你的表態超越了身分，不但表態無效，還會使老闆都陷入風波。

六、場合越位

有的場合，老闆不想讓你在場，你一定要了解這方面的情況或者暗示，不然會造成場合越位。

七、語氣越位

在與老闆相處過程中，你若不重視老闆的社會角色，在對外交際的過程中講話隨便，那就屬語氣越位。

千萬不要洩露公司的祕密

對於員工來說，如果掌握了公司的祕密，就應該保守這個祕密，這其實就是守住了自己的良心和飯碗。

東方人最忌諱的是「吃裡扒外」、「養老鼠咬布袋」。在一個公司裡，很多資訊都是有商業價值的，必須嚴防死守，所以一個成熟的職業人士的其中一條基本守則就是，不該你知道的，就絕對不要去打聽；已經知道的，就要守口如瓶。如果洩露了機密，會給公司帶來不可預料的損失，不管你是有意的還是無意的，有時還會受到法律的追究。

有兩大學同學，一個叫劉剛，一個叫馬軍。畢業後，劉剛在一家電腦軟體公司做技術員，是公司的業務骨幹。馬軍在另外一家同類公司做市場行銷，多年沒有聯絡了。兩家公司都在開發同一種前景廣闊的辦公室應用軟體，是最大的競爭對手。一個偶然的機會，當馬軍知道劉剛是這個專案的核心人物時，心中大喜，計上心來。

在接到馬軍的飯局邀請後，劉剛想都沒有多想就去了，兩人幾年沒有見，異常驚喜，又是吃飯，又是喝酒，正應了那幾句酒諺：「要想抓住別人的心，首先抓住別人的胃」、「酒是一副藥，喝了跑不掉」，被灌得糊裡糊塗的劉剛滔滔不絕地將公司的機密資料全盤托出。後來，原本遙遙領先於對手的劉剛所在的公司被捷足先登，打了個措手不及，巨額研發費用化為泡影。看著滿商場的同類產品，劉剛氣得渾身發抖，羞愧難當地離開了公司，還差點遭受法律訴訟的後果。

因此，身在職場，要守住公司和老闆的祕密，不該問的不問，不該說的不說，公司的各種事情都不可以隨便張揚，絕對守口如瓶。

張超在一家大公司任職，能說會道，才華出眾，所以他很快被提拔為技術部經理，他認為，更好的前途正在等著他。

有一天，一位商人請張超喝酒。席間，商人說：「最近我的公司和你們公司正在

談一個合作企劃，如果你能把你手上的技術資料提供給我一份，這將使我們公司在談判中占據先機。」

「什麼？你是說，讓我做洩露機密的事？」張超皺著眉道。

商人小聲說：「這事情只有你知我知，不會影響你。」說著，將十五萬元的支票遞給張超。張超心動了。

在談判中，張超的公司損失很大。事後，公司查明真相，辭退了張超。

真是賠了夫人又折兵，本可大展鴻圖的張超因此不但失去了工作，就連那十五萬元也被公司追回以賠償損失。他懊悔不已但為時已晚。

一個洩露公司祕密的員工即使才華橫溢也不會成功，因為他無法得到老闆的信任，無論是誰都不喜歡這樣的人。而這同時也表明：忠於公司、老闆，也就是忠於自己，背叛公司、老闆，也就是背叛自己，最終必定走向失敗。

管好自己的嘴巴，不要向外界透露公司的機密，同樣也是對組織、對企業、對老闆的一種服從，像這樣的事無需老闆特意交代。

主動為公司節省每一分錢

在職場中，很多員工都不注意在成本上進行控制。他們認為這都是一些小事，就是節省也省不出多少錢。可是，公司的每一分利潤的產生都是要靠成本的投入和許多人辛勤工作才能得來，而節省一分錢、一角錢、一塊錢對員工來說並不費事。更何況，節省的每一分錢都是純利潤。

也許每一名員工節省的錢會顯得微不足道，但對於一個企業來說，林林總總的支出數量是龐大的。如果公司裡每一個員工都有節省的意識，有做什麼事都不浪費的習慣，能在每一筆很小的支出上節省，那麼這個潛力就是巨大的。由此產生的效益就是會因其規模而顯現出來，累積起來將是一筆數目不小的收益。

因此，無論公司是大是小，是富是窮，使用公物都要節省節儉，出差辦事，也絕不能鋪張浪費。節省一分錢，就等於為公司賺了一分錢。就像富蘭克林說的：「注意小筆開支，小漏洞也能使大船沉沒。」所以任何一分錢都不能浪費。一個具有成本意識、處處維護公司利益的員工才是老闆青睞並願意重用的員工。

楊雪和柳露到同一家公司應聘銷售助理。一路過五關斬六將，終於進人了複試階段。只要複試通過，她們就可以進入公司工作。

複試前，銷售經理發現鉛筆不夠用了，就交給楊雪一個任務，讓她幫忙到一家指定的商場去買一打鉛筆。公司到商場的距離不會很遠，銷售經理建議楊雪搭公車去，先自己買車票，回來報帳。

楊雪剛走了一會，銷售經理好像忘了，一打鉛筆是不夠用的，於是，又吩咐柳露去同一家商場再買一打。

不久，兩人先後都回來了。在到銷售經理面前報帳時，銷售經理發現，楊雪交過來的除一打鉛筆外，還有兩塊橡皮擦。銷售經理說：「怎麼還主動買橡皮擦了？」對此，楊雪笑著說：「買一送一，這不是省錢了嗎？」

而柳露交過來的只是一打鉛筆，品質差不多，總金額卻比楊雪多了五塊錢。另外，她的車費也比楊雪的多了很多。

原來，當時正值夏季，天氣非常炎熱，楊雪坐的是公車，票價比較便宜。而柳露不想走公車站到商場的那段路，所以選擇搭計程車，票價就有了落差。

另外，買東西的時候，她也沒有仔細比價，直接買了就回來了。自然，最後楊雪被公司錄取了。銷售經理是這樣對她們說的：「公司希望員工都具有成本意識，因為我們覺得，一個真正視節省為己任的人，將來才有可能為公司賺錢。」

主動為企業節省每一分錢，不浪費公司的每一分錢，這是企業對員工的基本要求，也是員工的責任。要想成為一名優秀的員工更應視節省為己任，在工作和生活中提高成本意識，養成為公司節省的好習慣，為公司節省每一分錢。

每一名有責任感的員工，都會把企業當成自己的家，會盡最大努力地完成自己的每一項工作，把浪費降低到最低限度。他會小心地使用設備和公共設施，高效率地利用好自己的工作時間。不論是啟動一臺機器，還是進行一次工廠服務，或者是在辦公室打一封信件，他都會最大限度地節省每一分錢。

在微利時代的今天，不懂得節儉的員工是最不受老闆歡迎的，如果一個人本著「占便宜」、「不花白不花」的思想，只顧自己享樂，絲毫不為公司的利益著想，從而違背節儉辦公的好習慣，加大公司的辦公費用，那麼，他在帶給公司巨大損失的同

時，也會損害到自己的利益。他就會養成一種揮霍浪費的惡劣習性，這樣的員工，必然是老闆的首要淘汰對象。

第二章 學做「白龍馬」，不當「拉磨驢」

化不滿情緒為前進的動力

目前的時代是一個競爭激烈的時代，謀求個人利益的最大化、追求自我價值的實現是天經地義的事。但遺憾的是很多年輕人以玩世不恭的姿態對待工作，頻繁跳槽已經成為了常事，他們蔑視敬業精神，將其視為老闆剝削、愚弄下屬的手段。他們認為自己之所以工作，完全是迫於生計而已，因此懷有一肚子的不滿情緒。

對工作不滿的員工是很難有責任心的，這是導致他們不敬業的最大根源。但是，如果能夠在工作中樹立起高度的責任心，不滿的情緒卻也能成為進步的巨大動力。

在大學時期，丹・賀爾賓是著名的一九三〇年全美冠軍橄欖球隊聖母隊的經理。賀爾賓大學畢業時，正值經濟大蕭條，工作非常難找。因此，在投資銀行業和電影業虛度了一段時光後，他接受了自己尋找的第一份工作——以抽取佣金的方式推銷電子助聽器。賀爾賓知道，什麼人都可以從這種工作開始幹起，但對他來說，正是這份工作為他打開了機會的大門。

將近兩年來，他一直做著那份自己並不喜歡的工作，如果他對這種不滿不採取任何措施的話，那麼他永遠也不會超越那份工作。首先，他瞄準了公司銷售經理助理的職位，並且成功得到了這個職位。跨上那一步後，他比一般人更有優勢，因而能夠看到更大的機會。而且，這個職位也讓機會看到了他。

賀爾賓在銷售助聽器的業務上創造了輝煌業績，致使他所在公司的對手，Dictograph 公司的董事長安德魯斯很想了解一下這個從歷史悠久的 Dictograph 公司搶走大筆業務的人。他把賀爾賓請來，與之會談，之後賀爾賓成了該公司助聽器部門的新任銷售經理。然後，為了考驗賀爾賓的能力，安德魯斯離開公司到佛羅里達待了三個多月，任由賀爾賓在新工作中沉浮摸索。他沒有沉沒！後來他被推選為公司副總裁。這個職位是多數人不辭辛苦地工作十年以上才能贏得的榮耀，而賀爾賓卻在六個月內輕鬆實現了。

透過這個故事，我們想強調的重點是，不論一個人是升至高位，還是屈居低職，都取決於他對工作是否有責任心。不滿情緒是一把雙面刃，它能使人墮落，也能促使人不斷進步，但只有發揚其有益的一面，規避其有害的一面，將其轉化為前進的動力，才會在工作中取得一定的成就。

當然，為了自己的利益，也為了公司的健康發展，每個老闆只會保留那些最佳的員工，即那些能夠出色地完成上司交付的任務而沒有任何抱怨的員工。同樣，為了自己的利益，每個員工都應該意識到自己與公司的利益是一致的，並且全力以赴地努力去工作。只有這樣，才能獲得老闆的信任，並最終獲得自己的利益。

或許你的上司心胸狹隘，根本不理解你的真誠，不珍惜你的努力，但是也不必因此而產生抵觸的情緒，將自己與公司和老闆對立起來。重要的是你要用你的敬業精神做出成績，用成績去說話，有了成績，老闆怎麼會不對你刮目相看呢？記住工作中一定要化不滿情緒為進步的動力，兢兢業業地對待自己的工作，才會贏得老闆的信賴，才會獲得邁向成功的機會和動力。

主動為你的老闆分憂解難

公司的事，就是你的事，無論你是以老闆的身分出現，還是以員工的身分出現。對公司負責，替老闆分憂，也就是為自己負責，替自己創造前途，不論你在公司裡擔任什麼角色，都要學會主動為老闆分憂解難，這無需老闆的交代。

能經常替老闆分憂解難的人，在老闆眼裡，不但忠誠可靠，還擁有出色的解決問題的能力，是不可替代的。

洪水來臨時，當堤壩上出現缺口，人們會毫不猶豫地用身體堵上去，因為那是到了關鍵時刻，刻不容緩。在公司的發展過程中，也會出現許多意外的事件，給公司和老闆帶來棘手的問題，有些迫在眉睫，必須馬上解決。這時候你就要挺身而出，幫老闆解決所遇到的問題或困境。如果這時你為老闆撐起一片天，為他擋風遮雨，你將贏得其他同事的尊敬，更能得到老闆的信任和器重。

薩克斯頓在著名的傳播機構貝爾．霍韋公司任職時，主要負責對公司眾多分支機構進行分析，擬定計畫以協調它們的工作。薩克斯頓把注意力集中於維爾丁電影製作公司。雖然該公司一直在虧損，但是薩克斯頓認為自己可以使維爾丁電影製作公司轉虧為盈。

為此，他提出了一個具體的市場開拓計畫，建議維爾丁公司賣掉電影製片廠，將業務集中在諮詢顧問及推銷新產品上，老闆對此大為讚賞，當即把薩克斯頓提拔

為維爾丁公司副總裁，主管市場開拓。不到一年的時間，他就使維爾丁公司開始盈利。薩克斯頓用業績向公司管理層證明了他的能力，從而為自己爭取了一個更高的職位。

人都是趨利避難的，如果你總能替老闆解決難題，老闆不但會領你的情，而且會越來越欣賞你，從而逐漸提拔你、重用你。因為，在老闆眼裡，你不但忠誠可靠，還擁有出色的解決問題的能力，是不可替代的。

所以，當老闆被公司事務纏得焦頭爛額的時候，身為他的下屬，應該想想「我能為老闆做些什麼」，為其分憂解難。尤其是在老闆遇到難題、迫切需要幫助的時候，優秀的員工應該像江湖豪傑那樣主動站出來，施以援手，而不能像平庸者那樣袖手旁觀。

任何工作都不可能是一帆風順的，都可能會遇到這樣或那樣的挫折與障礙。身為老闆，管理一個企業，責任重大，壓力也最大，某些工作可以憑藉自己的能力或以往的經驗處理妥當，而有些工作則需要下屬的幫助才能解決。這時，如果下屬除了做好本職工作外，還能及時伸出援助之手，幫老闆出謀劃策，共同度過難關，老闆肯定會十分感動，從而對你另眼相看。

當產品銷路不通時，你利用自己的人際關係，聯繫銷售管道；當老闆需要某一方面的人才時，你積極幫助老闆物色、推薦人才；當公司發展遇到困境時，你不妨利用自己的專業特長，為老闆決策創造思路，提供方法；當老闆忙不過來時，你可以主動承擔一部分工作，讓老闆處理特殊事件等。

試問，能在關鍵時刻主動替老闆分憂的員工，有哪個老闆會不喜歡呢？

快樂工作，讓工作日成為你的節日

員工在工作時，千萬不要讓消極情緒主導你的心情。只有以積極的態度投身於工作中，才能給予我們歡樂和激情，那工作起來就會更加有趣。

即使你的處境再不如人意，也不應該厭惡自己的工作，世界上再也找不出比厭惡工作更糟糕的事情了。如果環境迫使你不得不做一些令人乏味的工作，你應該想方設法使之充滿樂趣。用這種積極的態度投入工作，無論做什麼，都很容易取得良

好的效果。

帕特里克．費希爾先生，年輕的時候是一個操作旋釘機的工人，每天從早到晚所接觸的都是釘子。他做出一批製品，另一批製品又接連而來，工作對他來說真是枯燥透頂。因此，費希爾先生牢騷滿腹，怨言不斷。他的同事也有同感。

後來，費希爾先生想：難道沒有辦法把工作變成有趣的遊戲嗎？於是他開始研究怎樣改進工作並且增加工作樂趣。他對同事說：「我們來一場比賽，你負責做旋釘機上磨釘子的工作，把釘子外面一層磨光，我負責做旋釘子的工作，誰做得最快誰就贏了。」他的提議立即得到同事的響應，於是他們開始比賽，結果工作效率竟提高一倍，大受老闆誇獎，不久他們便都得到了升遷。

所以說，要學會樂觀地對待工作，與其勉強應付，不如用積極的態度去面對。

泰戈爾在《人生論》（Sādhanā）中寫道：「我們的工作日不是我們的歡樂日——因此，我們要求節日。我們在自己的工作中不能找到節日，所以我們是不幸的。河流在向前奔騰中找到它的節日；火焰在火焰的燃燒中找到它的節日；花香在大氣的彌漫中找到它的節日。但是我們每天的工作中卻沒有這樣的節日，這是因為我們沒讓自己解放，是因為我們沒有愉快地、完全地將自己獻身於工作，以至於讓我們的工作壓倒了自己。」

享受工作就要像河流在流動中、火焰在燃燒中和花香在彌漫中尋找歡樂一樣，把工作當做自己的節日，樂在其中，沉醉於其中，這樣工作必定給我們帶來歡樂。

勇於說出你的想法

在現實生活中，能夠準確、完整表達自己的想法才能獲得別人好感和信賴。我們從小學到中學，又從中學進入大學，生命中的很大一部分時間都是在學校度過的，做了很多年學生的你是否了解老師的心思呢？是否知道最令老師失望的學生是什麼樣的呢？

也許你覺得是學生的成績不好，學生調皮搗蛋等最令老師感到失望，而事實卻非完全如此，事實上，老師對於學生最感失望的莫過於當他問道：「你的看法如何？」卻得不到積極主動的回答。

許多人常常這樣回答：「跟前一個人講的一樣。」這種回答方式令人失望。即使是意見相同，也應該用自己的語言把它表達出來。與老闆進行交流也一樣，如果你不能很好地將自己的想法表達出來，那麼你就很難與老闆進行友好的交流，而且一個不能清晰表達自己的想法、不善於陳述自己想法的員工也很難得到老闆的欣賞和信賴。

當一個人向另一個人提問時，尤其是針對那些實質性問題的提問，他非常希望對方能夠給予他一個很有見解的回答，而絕對不是那含混不清的回答。

其實，即便你對對方的問題沒有任何意見或者想不出適當的話來回答，你也絕對不能隨便應付對方的提問，因為那樣會讓對方認為你沒有用心聽他的講話，在敷衍了事，會讓對方感到很失望。

如果問話的一方是你的老闆，那你的處境就更為不妙，對於老闆的提問，如果你沒有自己的意見，就很難開展好工作。但若你表達出自己的意見，卻又不合老闆的想法，則無法取得老闆的信賴。

這是兩難的局面，應付它的較好辦法，莫過於平時注意培養自己觀察和察覺問題的能力，並以適當的語言表達出來。

如果你是一個不善於陳述自己的想法的人，那麼你從今天起就一定要盡心盡力地學習掌握這種能力，因為這是你獲取老闆信賴的必不可少的條件之一。

千萬不要任意輕視這種能力，不要認為它可有可無，即使自己在這方面很不擅長也不需要去認真學習和鍛鍊……如果你內心中有類似的想法，那你就大錯特錯了，應該馬上改變這種錯誤的觀點，儘早掌握並運用這一能力，勇於大膽的把自己的想法和建議講出來，使自己在與老闆及周圍的任何人相處時，都能恰到好處地陳述自己的想法，讓你的老闆在了解你內心想法的同時，更加了解你、理解你、信賴你。

主動與你的老闆溝通

在人們交往過程中，有效的溝通是人們交往的重要保證。同樣的道理，員工要想讓老闆重視你，並且欣賞你，就必須主動地與老闆溝通。

奧里森是美國金融界的一位知名人士。他初入金融界時，他的一些同學已在金融界內擔任高職，也就是說他們已經成為老闆的心腹。他們教給奧里森的一個最重要的祕訣，就是「要主動跟老闆講話」。

話之所以這麼說，就在於許多員工對老闆有生疏及恐懼感。他們見了老闆就噤若寒蟬，一舉一動都不自然起來。就是職責上的述職，也可免則免，或拜託同事代為轉述，或用書寫形式報告，以免受老闆當面責難的難堪。長此以往，員工與老闆的隔閡肯定會愈來愈深。

人與人之間的好感是要透過實際接觸和語言溝通才能建立起來的。一個員工，只有主動跟老闆面對面的接觸，讓自己真實地展現在老闆面前，才能令老闆直覺地認識到自己的工作才能，才會有被賞識的機會。

在許多公司，尤其是一些剛剛走上正軌或者有很多分支機構的公司裡，老闆必定要物色一些管理人員前去工作，此時，他選擇的肯定是那些有潛在能力，且懂得主動與自己溝通的人，而絕不是那種只知一味勤奮，卻在溝通上不夠主動的員工。

因為兩者比較之下，肯主動與老闆溝通的員工，總能藉溝通管道，更快更好地領會老闆的意圖，把工作做得近乎完美。所以前者總深得老闆歡心。

想主動與老闆溝通的人，應懂得主動爭取每一個溝通機會。事實證明，很多與老闆匆匆一遇的場合，可能決定著你的未來。比如，電梯間、走廊上、吃飯時，遇見你的老闆，走過去向他問聲好，或者和他談幾句工作上的事。千萬不要像其他同事那樣，極力避免讓老闆看見，僅僅與老闆擦肩而過。能不失時機地表明你與老闆興趣相投，是再好不過了。老闆怎會不欣賞那些與他興趣相投的人呢？也許你大方、自信的形象，會在老闆心中停留較長的一段時間。

當然，這並不是說，只要你主動與老闆溝通，就能得到老闆的垂青。不同老闆喜歡用不同方式去管理。主動與老闆溝通時，須懂得自己的老闆有哪些特別的溝通傾向，這對員工的溝通成功與否，至關重要。一般而言，以下是老闆所欣賞的肯主動與老闆溝通的員工：

與老闆溝通越簡潔越好

老闆階層的人有一個共同的特性，就是事多人忙，加上講求效率，故而最不耐煩長篇大論，言不及意。因此，你要引起老闆注意並很好地與老闆進行溝通，應該

學會的第一件事就是簡潔。簡潔最能表現你的才能。莎士比亞把簡潔稱之為「智慧的靈魂」。用簡潔的語言、簡潔的行為來與老闆形成某種形式的短暫交流，常能達到事半功倍的良好效果。

「不卑不亢」是溝通的根本

雖然你所面對的是一個老闆，但你也不要慌亂，不知所措。無可否認，老闆喜歡員工對他尊重。然而，不卑不亢這四個字是最能折服老闆，最讓他受用的。員工在溝通時若儘量遷就老闆，本無可厚非，但直白點講，過分地遷就或吹捧，就會適得其反，讓老闆心裡產生反感，反而妨礙了員工與老闆的正常關係和感情的發展。你若在言談舉止之間，都表現出不卑不亢的樣子，從容對答。這樣，老闆會認為你有大將風度，是個可選之材。

溝通時老闆和員工是對等的

在主動交流中，不爭占上風，事事替別人著想，能從老闆的角度思考問題，兼顧雙方的利益。尤其是在談話時，不以針鋒相對的形式令對方難堪，而能夠充分理解對方。那麼，你的溝通結果常會是皆大歡喜。

用聆聽開創溝通新局面

理解的前提是了解。老闆不喜歡只顧陳述自己觀點的員工。在相互交流之中，更重要的是了解對方的觀點，不急於發表個人意見。以足夠的耐心，去聆聽對方的觀點和想法，是最令老闆滿意的，因為這樣的員工，才是領導人選。

不貶低別人以抬高自己

在主動與老闆溝通時，千萬不要為標榜自己，刻意貶低別人甚至老闆。這種褒己貶人的做法，最為老闆所不屑。與人溝通，就是把自己先放在一邊，突出他人的地位，然後再取得對方的尊重。當你表達不滿時，要記著一條原則，那就是所說的話對「事」不對「人」。不要只是指責對方做得如何不好，而要分析做出來的東西有哪些不足，這樣溝通過後，老闆才會對你投以賞識的目光。

用知識說服老闆

對於日新月異的科技、變化迅速的潮流，你都應保持應有的了解。廣泛的知識面，可以支持自己的論點。你若知識淺陋，對老闆的問題就無法做到有問必答，條理清楚。而當老闆得不到準確的回答，時間長了，他對你就會失去信任和依賴。

在了解了老闆的溝通傾向後，員工需要調整自己的風格，使自己的溝通風格與老闆的溝通傾向最大可能地吻合。有時候，這種調整是與員工本人的天性相悖的。但是員工如果能藉由自我調整，主動有效地與老闆溝通，創造和老闆之間默契和諧的工作關係，無疑能使你最大程度地獲得老闆的認可。

要有一顆感恩的心

人，生在世界，生存發展都離不開外界環境的「栽培」。因此，對此心存感激，更好地生活，這是最最基本的「人性」和常情。一個人只有心存感恩，才是具有完善人格的人，才會得到外界的認可。也只有這樣，你才懂得服從執行老闆交給你的任務。

但是我們很多時候，可以為一個陌路人的點滴幫助而感激不盡，卻無視朝夕相處的老闆的種種恩惠。很多員工將工作關係理解為純粹的商業交換關係，相互對立理所當然。其實，雖然僱傭與被僱傭是一種契約關係，但是也並不至於完全對立。從利益關係的角度看，是合作雙贏；從情感關係角度，可以是一份情誼。

你的老闆或是周遭的同事，他們在與你共事時，一直了解你、支持你。這時需要你大聲說出你的感謝，讓他們知道你感激他們的信任和幫助。這種直接表達，對增強公司凝聚力的作用是顯而易見的。用這種特別的方式表達你的謝意，付出你的時間和能力，為公司發展和老闆的需要勤奮地工作，比其他一切的禮物都可貴。

懷有一顆感恩的心，這種心態不僅僅有利用於公司和老闆，對於每個個體來說，也是一種富裕的人生體驗。它具有一種深刻的感受，無形中增強了個人的魅力，可以順利開啟神奇的力量之門，發掘自身無窮的潛能。如果你能始終如一地保持這種心態，將其融入日常工作生活中，那麼逐漸地，它就會形成一種習慣，附著在你身上，形成你獨有的財富，在職場激烈的競爭中增加了一個「獨門」的「武器」。

一位職場成功的員工說：「是一種感恩的心情改變了我的人生。當我清楚地意識到我無任何權利要求別人時，我對周圍的點滴關懷都抱強烈的感恩之情。我竭力要回報他們，我竭力要讓他們快樂。結果，我不僅工作得更加愉快，所獲幫助也更多，工作更出色。我很快獲得了公司加薪升遷的機會。」這種感同身受的發言，當引起我們周圍一樣地位的員工注意，當你滿懷感激，盡心竭力地將自己的才能「奉獻」給公司時，老闆一定已「心中有譜」，一定會為你提供展示才華的舞臺，讓你人盡其才，盡顯其能。

生活給予了我們許多，當你匆匆走過後，懷抱感恩的心，你的眼前就會出現絕妙的風景。「送人玫瑰，手有餘香」是對生活感恩的表現。你對生活的態度是感激，生活反過來就會對你予以回報。

感恩的心是雙向的，施與受的雙方都會享受身心的巨大愉悅，讓我們的生活、工作向盡善盡美的方向前進。而不停抱怨、以怨報德則是「邪惡之花」，玷汙著人們的心靈。

曾看到過這樣的情形。一位盲人正要穿越馬路，這時從他旁邊走過幾個小朋友，他們簇擁著盲人，走過了街道，並且目送他走了很遠的路，這時，只見盲人臉上溢著笑，向他們揮手致謝。這個時候，不管盲人還是小朋友，臉上更多地是一種會意的表情，而沒有對盲人命運的自憐或「他憐」。因為雙方都對生活充滿了感恩，這種感恩從內心流出又流向內心，甚至比「陽光」都容易直射人心靈，讓看到這個情景的路人都暖暖的，心中非常舒服愜意。原來對人對事的感恩有這麼強烈的感染力，它的影響力竟有這麼大。

上面生活中的情節，不難聯繫到職場。如果員工與老闆也這樣彼此心存感恩，那麼公司的明天必將充滿濃濃的人情味，這種美好的情愫必將遍地生根、發芽、開花、結果。當公司這種習慣蔚然成風後，一定會成為繁茂的綠蔭，讓在「火熱」職場中競爭奔忙的人，盡享公司創造的清爽怡人的環境。俗話說：「大樹底下好乘涼」，公司強大了，「身在其中」的員工也必定會帶來福祉。這一切局面的形成，也許只緣於一種美好的願望，也許就緣於一顆感恩的心。心存感恩，你的生活就會改變，你的工作績效將會與眾不同。這也是一種新興的管理理念，在無形中創造著價值，無論老闆還是員工，都會從中得到很大的益處。

別把工作當成你的負擔

被動地工作，只會讓你變成工作的奴隸。這是許多人為什麼感到工作繁重枯燥並且想跳槽的一個重要原因。

一個工作了三年的人曾痛苦不堪：「我感覺工作對我來說簡直就是一種負擔，這是為什麼？」他的老闆告訴他：「因為你現在已成為了工作的奴隸，而事實上你應該成為工作的主人。」

現在的社會，找一個合意的工作很難，所以與其改變工作，不如改變自身去適應工作。但有些人安於現狀，被動而又消極地承受著工作的苦悶。當他們感到沮喪或精疲力竭時，他們便會自我安慰道：「唉！這就是生活！這年頭你還能要求什麼？」這句話成了他們的藉口，言下之意，只要能賺錢養家，枯燥乏味的工作是可以容忍的，實際上，這個人已成了工作的奴隸。

有一份自己喜歡的工作，有一個自己喜歡的人，這大概是世界上最美好的兩件事了。因為前者為你提供生存的物質需求，後者為你提供生存的精神需求。

追求財富常會失望，追求權力常會落空。追求工作的樂趣正如追求知識一樣，既不會失望，也不會落空：它是現代人的權利，也是現代人的義務。

人的一生中，可以沒有很大的名望，也可以沒有很多的財富，但不可以沒有工作的樂趣。工作是人生中不可或缺的一部分。如果從工作中只得到厭倦、緊張與失望，人的一生將會多麼痛苦；令自己厭倦的工作即使帶來了名與利，這種光彩又是何等的虛浮！

要從工作中得到樂趣，那麼首先不要讓自己變成工作的奴隸，而要讓自己變成工作的主人，積極主動而又快樂地對待工作。無止境地日夜工作正如無止境地追逐玩樂一樣不可取。工作不是為了生存，而是為了對個人的生活賦予意義，為生命賦予光彩。

帶給自己工作樂趣的不是最後達到的終點，而應當是工作的歷程。一個演員的快樂要來自演戲的過程，正如一個老師要在教學中得到快樂一樣，也正如一個待產的母親，她的快樂不只是來自嬰兒的誕生，同樣地要來自懷孕中的期待。在他們的生活中，工作就是樂趣。

當然，如果你已經開始積極工作，下一步就是讓工作變得有效率，這等於增加了快樂的價值。

工作有無成果不在於自己工作時間有多長，而在於自己工作是否有效率，附加價值有多高。社會上已不再稱讚一個人的「苦勞」，而是強調一個人的「功勞」。提高工作效率，就在增加工作的成效；在工作成效中，自己才不會有努力白費的失望，也才有努力得到報酬的鼓舞。

大多數人都是平凡的，但大多數平凡的人都想變成不平凡的人。這不是一個壞現象，事實上，社會的進步需要靠這股力量。可是，就當事人來說，就產生了心理上的壓力與情緒上的掙扎。不論是否能變成一個不平凡的人，一個人都應當從工作中得到樂趣。工作的樂趣如健康一樣珍貴，但有時候比名與利更難得到。

積極主動地工作，不要等待，工作會使你的生活更加豐富多彩。

對待工作，等老闆分配任務是一種狀態，把工作當作享受並主動去工作又是一種狀態。對很多人而言，工作首先是一種謀生的手段，是不得已而為之。這本身有其合理性，但對於一個充滿責任心、使命感的人而言，僅僅停留在這一層面是不可想像的。如果能夠在工作中找到樂趣，那麼，工作也就成了一種享受，剝奪了他的工作，就等於剝奪了他的享受。進入了這種狀態，就沒有了上下班的概念，一切都圍繞著做好工作轉。當一個人的工作與樂趣相重合的時候，他就找到了自己的甜蜜點，他的價值將會得到最大限度的展現。只有這樣，你才是真正做了工作的主人。

學會主動的表現自己

一個員工不僅要有一定的才華和能力，並把這些才華與能力運用到實際工作中去，為公司、為老闆創造出巨大的業績，同時還要會恰到好處地把這些業績表現出來。這種卓越的實績加上出色的表現能力可以使一個員工更容易地得到老闆的賞識。

任何一名員工都無一例外地希望自己得到老闆的重用和欣賞，希望自己能夠獲得老闆的另眼相待。身為一個員工，如果想成為對公司、老闆有用的人，第一個條件是努力掌握自己工作範圍內所需要的能力，以提高工作業績。然而，即使有相同的業績，也會出現引人注目和不引人注目的情況，兩者的差別，就在於個人表現

能力上。

千萬不要小看表現能力，一個人的表現能力對於一個人今後的發展前途有著十分重要的作用。不要以為表現不表現都無所謂，只要自己在工作中能夠創造出實績就可以了，因為大家的眼睛是雪亮的，你做出的成績是有目共睹的。但事情遠不像你想像得那麼簡單，實際上一個員工除非創造的工作業績格外顯著，能在極短的時間內光芒四射，否則是很不容易受人注目的。相反，如果他現在的業績比過去稍差，就會給人留下很深的印象。一個實績卓著然而表現能力的確較差的員工，往往很難得到老闆的重視。

我們都知道，正面的功勞如果沒有以表現能力襯托出來的話，是很難以引人注目的。如果你只是埋頭苦幹，努力做出成績，但是卻不會把它們表現出來的話，那麼老闆恐怕永遠都不會注意到你，更不要說對你產生興趣了。

由此可見，一個人的表現能力對於其在老闆心目中的地位有多麼重要了。可以說，出色的表現能力與卓越的實績一樣，都是你贏得老闆重視的必要條件，善於創造實績並會恰當表現是一個員工成功獲取老闆重視的又一大要領。一個員工要想成功獲取老闆的器重就必須能創造出巨大的業績，並且一定要具有恰當的表現能力。

一個人的表現能力是否出色有時會決定這個人的前途，每一個致力於發展事業的人都應該積極主動地提高自己在老闆面前的表現能力。

有很多人都認為，一個人的表現能力是天生具有的，如果想要在後天培養這種才能簡直太難了。許多能夠創造出優秀業績的員工，他們不怕執行任務時的艱難困苦，但是卻害怕向別人表現，更不敢在老闆面前把這些業績表現出來。而事實上，要想具有出色的表現能力並不是一件非常困難的事，只要稍微注意下面幾點，然後以主動、自然的方式表達出來就可以了。

第一，提供資訊。員工應當把與自己工作有關，而老闆又極需要的資訊，及時、準確提供給老闆，而不要等老闆詢問時才告訴他，這樣效果就不理想了。

若員工平時能掌握老闆的動向，便能知道其所需要的資訊，這樣就可預先確認資訊的可靠性。

第二，抓住機會，及時向老闆匯報工作的進展情況以及可能遇到的問題。

如果時間允許，可以用聊天的方式主動跟老闆談論工作狀況，不要忘記趁此機

會若無其事地推銷自己的實績。如果特意推銷的話，會惹人討厭。

是否能及時抓住機會向老闆匯報工作的進展情況以及可能遇到的問題，這是員工向老闆表現自己的一種重要方式，同時也是員工與老闆進行溝通和交流的重要途徑。如果員工能恰到好處地做到這一點，那麼自己的表現能力將大為提高，而且自己的工作成績還會及時得到老闆的認可與欣賞。

第三，當老闆要求員工說明或匯報工作時，員工應簡明扼要地表明重點，冗長的說明或拖泥帶水的匯報，會讓老闆感到不耐煩。以簡潔的話，先預告要點或提示結論，然後再進入本題，其好處是簡單明瞭。

簡明扼要地表明重點，這是一種最基本的表達能力。一個員工要想在老闆面前好好地表現自己，就必須要掌握這種能力。如果員工能夠簡明扼要並且準確鮮明地向老闆表明自己的工作，那麼這個員工一定會給老闆留下一種十分幹練的印象，這種印象無疑會增加老闆對他的信賴。

第四，如果一個員工想要向自己的老闆匯報工作，並且其匯報資料中有一大堆數字時，他應該向老闆認真說明這些繁瑣的數字。另外，當員工需要向自己的老闆說明數字時，必須考慮把重點放在哪裡。一本正經的人總想把數字所表現的細節都說出來，如此反而會變得太零碎，如目前不必要提出來的負面數字也提出來作引證，將會破壞老闆對你的美好印象。

只要把重點放在想要強調的地方，並利用圖表讓他人一目了然，你的實績才會顯得醒目。如果不採用這種果斷的作法，你的匯報就沒有重點，老闆聽過以後也沒有什麼印象。

身為一個勤於匯報的員工，不僅僅是說明數字時把重點突出，強調匯報其他工作也應該如此。這樣就可以加強老闆對你及你的工作業績的印象，而加深老闆對你及你的工作業績的印象，一定會令老闆對你刮目相看，令其對你格外留心，這樣一定會讓老闆更加信賴你的能力。

最後，我們需要強調的是當老闆稱讚員工時，員工應該坦率地表示高興，並表示由衷的謝意。千萬不要過分地推卻以示自己的謙虛，要知道此刻的謙虛和推卻對你毫無益處。

「這次宣傳活動做得很好，聽說反應相當不錯。」當老闆如此稱讚你時，若你不

好意思地說：「不，這沒什麼」、「我並沒有特別做什麼呀」。這種答覆會讓老闆覺得白白誇你一番，而在心裡覺得不快，你應該積極而自然地回答：

「謝謝經理，處長這麼一講，我就覺得沒白做了。」然後再加一句：「全靠經理支持和信任。」或者接上一句：「如果沒有經理您的支持和領導，效果一定不會有這麼好。」

當老闆表揚員工時，有些員工會過分地表示謙虛和推卻，這樣做是絕對不夠明智的。除了這種不明智的做法，還有就是冷淡對待老闆的表揚或誇獎。這樣的員工大有人在，他們在做出了一定的成績得到老闆的稱讚時，常常表現得若無其事，表情冷淡，只是淡淡的回答：「是嗎？這沒什麼。」可能他自認為那件事本身就沒什麼，小事一樁。但這種回答卻只能給人很消極的印象，也會對他的工作實績造成負面影響。

如果你不能對老闆的稱讚做出積極的應答，那麼無疑會失去一次向老闆表現自己的大好機會，甚至你還會因為你不恰當的應答方式而削弱你辛辛苦苦做出來的成績，破壞你在老闆心目中原本不錯的印象。我們提醒你注意：千萬不要在這種時候過分謙虛，如果你想以自己的謙虛來贏得老闆的欣賞，那最終結果一定會讓你大大失望。

總而言之，如果一個員工平平庸庸，每天白白辛苦而創造不出任何業績，那麼他將很難得到老闆的重視；如果一個員工能夠卓有成效地完成上級布置的任務，能夠創造出卓越的實績，但是卻不具備相應的表現能力，那麼他也很難獲取老闆的重視。善於創造業績並會恰當表現是一個員工成功獲取老闆器重的基礎，掌握這一要領對於一個人事業成功有著不可估量的作用。

總之，在努力做好工作的基礎上，提高自己要老闆面前的表現能力是你獲得老闆賞識的最佳方法。

第三章　一流員工找方法，三流員工找藉口

老闆不要理由和藉口，只需要你去做

身為一名員工，當你去做一件事時，尤其是老闆交代你去做的事，你不要找任何理由和藉口說辦不到，那樣無異於自毀前程。要知道老闆不需要理由，只需要你去做。

英國大都會總裁謝巴爾德在位時有一句名言：「要嘛奉獻，要嘛滾蛋。」他強調：「在其位，謀其政，不要找任何藉口說自己不能夠，辦不到。」他要求他的下屬在他面前不能因做不好工作而找理由推卸責任。某次，一個員工為了一件極難辦的事找他，說自己盡力了，並說出許多客觀理由，最後說無論怎樣，這件事都「辦不到」。謝巴爾德聽後覺得這個下屬就是怕負責任，怕得罪人，犧牲自己的利益，於是就輕聲對他說：「夠了，夠了，現在我需要的不是這些好理由，而是要你仍舊照我的命令去做，否則，你就別做這個部門的經理。」

謝巴爾德的做法很正確，他就是要讓下屬明白，對於自己應該承擔的責任就該負責，而不能隨便找個理由推脫，這樣才是一個稱職的員工。

當然，在日常工作中，每個人都難免出現失誤，但是，當問題發生後，只知道一味地尋找藉口怪罪別人，就是不負責任的表現。

你可能也是這樣做的，當上司指責你工作中的錯誤時，你會馬上找出許多藉口為自己辯解，並且說得振振有詞，頭頭是道：「別人不採納我的意見」、「我是按照公司的要求做的」等等，你以為這些藉口能為自己的錯誤開脫，能把責任推個一乾二淨，但事實上並非如此。也可能上司會原諒你一次，但他心中一定會感到不快，並會對你產生「怕負責任」的不良印象。你這樣做，不但無法改善現狀，所產生的負面影響還會讓情況更加惡化。如果以後出現問題，你還是能推就推，能躲就躲，令上司無法信賴，那麼你的前途就岌岌可危了，可能離另謀高就的日子就不太遠了。

每個人都不希望在工作中出現失誤，但是「人非聖賢，孰能無過」，人不可能不犯錯誤。如果在有錯誤發生時，其中的部分原因是因自己而起，就應該努力承擔，並彌補錯誤，這樣可以給人一種有責任心的印象，有利於建立良好的人際關係，反之則會破壞與同事和上司的關係，使自己的工作陷入無助的境地。

一個人對待錯誤的態度可以直接反映出他的敬業精神和道德品行，是自己的責

任就要勇於承擔，一定不能推脫，否則就會失去老闆對你的信賴，看低你的道德品行，老闆如果這樣看待你，就不會再對你委以重任了。

要想贏得別人的信任，成為一個勇於負責任的人，就不能找藉口淡化或推卸自己的責任。犯了錯誤有什麼理由要解釋時，你自己首先要反省，我的理由是不是客觀事實，是否真實可信？是不是只是想用來掩飾自己的錯誤？然後回頭看看自己的行為，如果自己確實有錯誤的地方，就應該勇敢地承擔責任，誠懇地承認錯誤，並且要改正自己的行為，積極地尋求補救的辦法。

這種對自己的嚴格檢查，可能剛開始時有些困難，但是你要相信，只有勇於承擔責任的人，才有可能成就大事業。

還有一點值得注意，如果錯誤確實不是由於自己的過失造成的，那你也不要急於替自己辯解，而應著眼於整個公司的利益，等事情得到妥善的處理後，事情的真相自然會浮出水面。如果你確實被誤會了，你的上司也自然會在事實中看到，還你一個清白。

聰明的員工，要勇於承擔起自己職責範圍內的責任，積極地尋找並把握謀求公司利益的機會。也只有這種員工，才是老闆心目中值得栽培的人才。

動手去解決問題而不是找藉口

一個人在面臨挑戰時，總會為自己未能實現某種目標找出無數個理由。正確的做法是，拋棄所有的藉口，找出解決問題的方法，然後立即去執行。

那些喜歡發牢騷、抱怨不幸的人曾經都有過夢想，卻始終無法實現。為什麼呢？因為他們有找藉口的毛病。

一位長期在公司底層掙扎，時刻面臨著失業危險的中年人來到一家心理諮商診所的辦公室，他講話時神情激昂，抱怨公司老闆不願意給自己機會。

「那麼你為什麼不自己去爭取呢？」諮商師問他。

「我曾經也爭取過，但是我不認為那是一種機會。」他依然義憤填膺。

「能告訴我那是什麼嗎？」

「前些日子，公司派我去海外營業部，但是我覺得像我這樣的年紀，怎麼能經受如此折騰呢。」

「為什麼你會認為這是一種折騰，而不是一種機會呢？」

「難道你看不出來嗎？公司本部有那麼多職位，卻讓我去如此遙遠的地方。我有心臟病，這一點公司所有的人都知道。」

這個人是否有心臟病我們不得而知。但顯然，他身上有一種最嚴重的職業病：推諉病。

與之截然相反的是體育界的成功者羅傑·布萊克。他的傑出並不在於他非凡的令人矚目的競技成績——他曾經獲得奧林匹克運動會四百公尺銀牌和世界錦標賽四百公尺接力賽金牌。而更讓人心生觸動的是，所有的成績都是在他患有心臟病的情況下取得的。

除了家人、親密的朋友和醫生等僅有的幾個人知道其病情外，他沒有向外界公布任何消息。帶著心臟病從事這種大運動量的競技項目，不僅很難有出色的發揮，而且有可能危及生命安全。第一次獲得銀牌後，他對自己依然不滿意。如果他告訴人們自己真實的身體狀況，即使在運動生涯中半途而廢，也會獲得人們的理解的。但是羅傑卻說：「我不想小題大做。即使我失敗了，也不想將疾病當成自己的藉口。」身為世界級的運動員，這種精神一直存在於他的整個職業生涯中。

那些認為自己缺乏機會的人，往往是在為自己的失敗尋找藉口。成功者不善於也不需要編造任何藉口，因為他們能為自己的行為和目標負責，也能享受自己努力的成果。

藉口總是在人們的耳旁竊竊私語，告訴自己因為某原因而不能做某事，久而久之我們甚至會潛意識地認為這是「理智的聲音」。假如你也有此類情況，那麼請你做一個實驗，每當你使用「理由」一詞時，請用「藉口」來替代它，也許你會發現自己再也無法心安理得了。

一個人在面臨挑戰時，總會為自己未能實現某種目標找出無數個理由。正確的做法是，拋棄所有的藉口，找出解決問題的方法。兩者之間的區別就在於態度，你選擇哪一種呢？

那些實現自己的目標，取得成功的人，並非有超凡的能力，而是有超凡的心

態。他們能積極抓住機遇，創造機遇，而不是一遭遇困境就退避三舍、尋找藉口。

人們如此苦心孤詣地尋找藉口，卻無法將工作做好，這是一件非常奇怪的事。如果那些一天到晚總想著如何欺瞞的人，肯將一半的精力和創意用到正途上，他們一定可以在任何事情上取得卓越的成就。如果你善於尋找藉口，那麼試著將找藉口的創造力用於尋找解決問題的方法，也許情形會大為不同。

習慣性的拖延者通常也是製造藉口與託辭的專家。如果你存心拖延、逃避，你就能找出成千上萬個理由來辯解為什麼事情無法完成，而對為什麼事情應該完成的理由卻想得少之又少。事實上，把事情「太困難、太無頭緒、太花時間」種種理由合理化，的確要比相信「只要我們夠努力、夠勤奮就能完成任何事」的念頭容易得多。

如果你發現自己經常為沒做某些事而製造藉口，或想出千百個理由為事情未能按計畫實施而辯解，那麼，你最好還是自我反省一番。

別再為自己尋找各式各樣的藉口了，趕快動手做事吧，這才是最重要的！

千萬別讓找藉口成為你的工作習慣

人的習慣是在不知不覺中養成的，是某種行為、思想、態度在腦海深處逐步成形的一個漫長過程。

一旦錯誤的想法變成習慣，它對一個人的損害是顯而易見的。

比如說尋找藉口。如果在工作中以某種藉口為自己的過錯和應負的責任開脫，第一次你可能會沉浸在藉口為自己帶來的暫時的舒適和安全之中而不自知。但是，這種藉口所帶來的「好處」會讓你第二次、第三次為自己去尋找藉口，因為在你的思想裡，你已經接受了這種尋找藉口的行為。不幸的是，你很可能就會形成一種尋找藉口的習慣。這是一種十分可怕的消極的心理習慣，它會讓你的工作變得拖沓而沒有效率，會讓你變得消極而最終一事無成。

要時刻提醒自己遠離這種壞習慣，有人說要想使一塊地不長雜草的最好方法是種上莊稼。同樣道理，如果你能養成良好的習慣，壞習慣自然就無棲身之地了。

一、延長工作時間

許多人對這種習慣不屑一顧，認為只要自己在上班時間提高效率，沒有必要再加班加點。實際上，延長工作時間的習慣對員工的確非常重要。

身為一名員工，你不僅要將本職的事務性工作處理得井井有條，還要應付其他突發事件，思考部門及公司的管理及發展規劃等。有大量的事情不是在上班時間出現，也不是在上班時間可以解決的。這需要你根據公司的需要隨時為公司工作。

上述種種情況，都需要你延長工作時間。根據不同的事情，超額工作的方式也有不同。如為了完成一個計畫，可以在公司加班；為了更好地完成任務，可以在週末看書和思考；為了獲取資訊，可以在休閒時間與朋友們聯絡。總之，你所做的這一切，都將讓你很難有機會再為自己找藉口說工作不能如期完成，也可以使你在公司更加稱職。

二、始終表現出你對公司及產品的興趣和熱情

你應該利用每一次機會，表現你對公司及其產品的興趣和熱情，不論是在工作

時間，還是在下班後；不論是對你的上司，還是對客戶及朋友，這讓你沒有機會再藉口抱怨情緒影響工作。

當你向別人傳播你對公司的興趣和熱情時，別人也會從你身上體會到你的自信及對公司的信心。沒有人喜歡與悲觀厭世的人打交道，同樣，公司也不願讓對公司的發展悲觀失望或無動於衷的人擔任重要工作。

三、自願承擔艱鉅的任務

公司的每個部門和每個職位都有自己的職責，但總有一些突發事件無法明確地劃分到哪個部門或個人，而這些事情往往還都是比較緊急或重要的。如果你是一名稱職的員工，就應該從維護公司利益的角度出發，積極處理這些事情。

如果這是一項艱鉅的任務，你就更應該主動去承擔。不論事情成敗與否，這種迎難而上的精神也會讓大家對你產生認同。另外，承擔艱鉅的任務是鍛鍊自己能力難得的機會，長此以往，你的能力和經驗會迅速提升。在完成這些艱鉅任務的過程中，你有時會感到很痛苦，但痛苦卻會讓你變得更成熟。

四、在工作時間避免閒談

可能你的工作效率很高，也可能你現在工作很累，需要放鬆，但你一定要注意，不要在工作時間做與工作無關的事情。這些事情中最常見的就是閒談。

在公司，並不是每個人都很清楚你當前的工作任務和工作效率，所以閒談只能讓人感覺你很懶散或很不重視工作。另外，閒談也會影響他人的工作，引起別人的反感。

你也不要做其他與工作無關的事情，如聽音樂、看報紙等。如果你沒有事做，可以看看本職專業的相關書籍，查找一下最新的專業資料等。

五、向有關部門提出部門或公司管理的問題和建議

養成了良好的習慣，你就不會再為工作中出現的問題而沮喪，甚至可以在工作中學會大量解決問題的技巧，這樣你就不用再找各種藉口以推諉責任了，而成功將離你越來越近。

我們應該崇尚「服從」理念。「服從」看似冷漠，缺乏人情味，但它卻可以激發

一個人最大的潛力。無論你是誰，在人生中，無需任何藉口，失敗了也罷，做錯了也罷，再妙的藉口對於事情本身也沒有絲毫的用處。許多人生中的失敗，就是因為那些一直麻醉著我們的藉口。

千萬不要讓尋找藉口成為你的習慣，如果你熱衷於尋找藉口，那麼就從現在開始，在工作中杜絕任何一次推諉的行為吧！

找藉口只會讓事情越來越糟糕

是的，找藉口只會讓事情變得更糟糕，因為沒有人願意聽你解釋事情的原委。當事情發生後，找到辦法，解決問題才是關鍵。因此，遇事請別找藉口，因為那只會讓事情更糟糕。

遇事找藉口幾乎已經成了大多數人的習慣，當遇到問題時，他們會責怪自己兒時的經歷，或抱怨碰不上好的老師，或抱怨企業的管理制度不好，總之，有無數的藉口來為自己推脫責任。

找藉口最糟糕的是：一旦一個人習慣了找藉口，他就不再願意努力去改變自己的處境了，遇到問題時也不願意尋找方法解決。

例如，當你聽到「我沒有按時交報告，是因為我無法把這個專案組的所有成員及時集中起來」這句話時，你會作何反應？你感覺它是一個藉口，還是一個切實的理由？其實，這句話是藉口還是理由都已經無關緊要了，因為事情的結果已經出來了，那就是：報告已經遲交了。

一句話是藉口還是理由，這不是最重要的，養成了尋找藉口的習慣才是真正的問題所在。就拿上面那句話來說，如果它是出自一位負責人之口，你會認為它是一個理由，但若是其他人，你首先想到的是一個藉口。

但是，負責任的人是很少讓你聽到這樣的話的，因為他們從來不會在尋找藉口上浪費時間。

一位被手下的「藉口」搞得心煩意亂的總經理，實在沒有辦法了，便在自己的辦公室貼上了一條標語，上書：「這裡是『無藉口區』。」後來，他向各個部門宣布接下來的一個月是「無藉口月」，並告訴所有人：「在這個月裡，我們只解決問題，不允許找藉口。」

在這個月裡，大家都開始按規定的那樣，不找藉口，只找辦法。本月的一天，一位顧客打電話來抱怨說：「你們公司的貨送來的時間太晚了，怎麼回事呀？」

物流經理聽後，立刻道歉說：「對不起，的確是我們的錯，我們不應該把貨送遲的，我們保證下次絕對不會出現這樣的情況了。」隨後，他安撫顧客，並給顧客承諾要補償他的相應損失。當物流經理掛斷電話後，他說自己原本是要向顧客解釋原因的，但一想到這個月是「無藉口月」，所以他立刻把藉口去掉，然後找出了解決問題的辦法。

後來，那位顧客給公司的總經理寫了一封信，評價了物流經理給予他的出色服務。顧客在信中說：「我在貴公司裡並沒有聽到千篇一律的託詞，這讓我大感意外和新鮮，因為很多公司遇到此類問題一般都是找藉口和理由的。」

找藉口只會使事情變得更糟糕，如果不找藉口，反而專注於找方法，效果往往十分理想。這就是該企業的「無藉口月」活動得出的有益結論。

是的，找藉口只會讓事情變得更糟糕，因為沒有人願意聽你解釋事情的原委。

當事情發生後，找到辦法，解決問題才是關鍵。因此，遇事請別找藉口，因為那只會讓事情更糟糕。

不要為自己犯的錯誤找藉口

常言道：「智者千慮，必有一失。」在工作中，一個人即使再聰明，能力再強，也難免會有失誤的時候。犯錯誤並不可怕，關鍵是在犯錯後你會採取什麼樣的態度。面對自己的失誤，大多數人會解釋失誤的原因，找藉口推脫自己的責任。只有一少部分人會主動坦誠自己的錯誤，並及時採取措施彌補失誤，以將損失降到最低。

一個人在犯錯後找藉口解釋自己的失誤，這並不是明智之舉。要知道，這時候的解釋往往是蒼白無力的。這時，最好的辦法就是老老實實認錯，而不是去為自己辯護和開脫。日本著名的首相伊藤博文的人生座右銘就是「永不向人講『因為』」。可以說，這不僅是一種做人的美德，而且也是一種為人處世、辦事做事的最高學問。

愛找藉口為自己的失誤進行辯解的人。他們認為這樣就能把自己的錯誤掩蓋，把責任推個乾乾淨淨，但事實並非如此。你犯一次錯誤，老闆也許會原諒你一次，但他心中一定會感到不快，對你產生不好的印象。因此說，你為自己辯護、開脫，不但不能改善現狀，而且有時所產生的負面影響還會讓情況更加惡化。

李智畢業於國立頂大，學的是建築工程，當他剛應聘到一家工廠時，廠長很器重他，無論什麼項目都讓他放手去做。

由於經驗的欠缺，李智在工作中常常有一些失誤。面對自己的失誤。李智總是尋找出非常多理由為自己辯解。因為廠長並不懂技術，常被李智駁得無言以對、理屈詞窮。

最後，廠長無法忍受李智的這種不負責任的態度，只好辭退了李智。

由於不能面對自己的失誤，處處為失誤尋找理由和藉口，結果引起了老闆的不滿，從而致使李智丟失了一份不錯的工作。這個故事說明，為自己的失誤尋找藉口的人，會使老闆產生厭煩感，長此以往，你就會失去工作。因此，當你在工作中有失誤時，不妨勇敢地承認自己的錯誤，坦誠地面對它，這樣不僅能彌補錯誤所帶來的不良結果，而且還能讓自己在今後的工作中更加謹慎行事，同時別人也會很痛快

地原諒你的錯誤。

有些人之所以不願意承認自己的錯誤，因為他們認為承認錯誤有失自尊，面子上過不去，害怕承擔責任，害怕受懲罰。其實，事實剛好相反，如果你勇於承認錯誤。你給人的印象不但不會受到損失，反而會使人尊敬你、信任你，你在別人心目中的形象反而會高大起來。

吳剛在一家商貿公司上班，擔任市場部經理。有一次，他犯了一個錯誤，他沒經過仔細調查研究，就批准了一個職員為某公司生產五萬臺高級相機的報告。然而等產品生產出來準備報關時，公司才知道那個職員早已被「獵頭」公司挖走了。那批貨如果運到某公司，就會無影無蹤，貨款自然也會打水漂。

吳剛一時想不出補救對策，一個人在辦公室裡焦慮不安。

這時，老闆走了進來，見他的臉色非常難看，就想問他是怎麼回事。還沒等老闆開口，吳剛就立刻坦誠地向他講述了一切，並主動認錯：「這是我的失誤，我一定會盡最大努力挽回損失。」

聽完吳剛的話。老闆被他的坦誠和勇於負責的勇氣打動了，答應了他的請求，並讓他出差去考察一番。經過積極地努力，吳剛聯繫好了另一家客戶。一個月後，這批相機以比那個職員在報告上寫的還高的價格轉讓了出去。吳剛最終得到了老闆的嘉獎。

由此可見，一個人犯錯誤並不可怕，關鍵要坦然面對自己的失誤，並採取積極的措施予以補救，這樣，你不僅會得到他人的原諒，還會獲得他人的尊重。這正如松下幸之助所說：「偶爾犯了錯誤無可厚非，但從對待錯誤的態度上。我們可以看清楚一個人的責任感。」的確，只有那些能夠正確察覺自己的錯誤，並及時改正錯誤予以補救的人，才是公司中最受歡迎的人。

有一位年輕人在一個世界知名企業工作，開始的時候，因為經驗不足，她給公司造成了幾十萬元的損失，而損失本身是她在自我檢查業績時發現的，公司上上下下尚無人知曉。此時，依憑她的學歷和幾年的外企工作經驗。她可以輕而易舉地悄然跳槽離開，逃脫責任，避開責罰。但她明白，這樣的工作失誤如果再任其發展下去的話，可能會給公司造成成百上千萬元的損失。

父母的長期教誨深深地在她心中紮下了根，不能置公司的損害於不顧，不能做

不誠實的人，她決意向公司的上層老闆坦白這一切，並做好自己將被公司開除並賠償損失的準備。

她歉疚地坐在老闆的桌前，將自己造成的損失一五一十地全盤托出，然後坦誠地說：「我願承擔全部責任。」

老闆望著這位誠實的員工，感動地向她宣布：「你就是公司要找的人才，是值得我們信賴的人才！」隨即從身上掏出了自己珍愛的筆送給了她。

此後，老闆不僅幫她想辦法扭轉損失，還把重要的工作委派給她，對她刻意栽培。幾年以後，她已成為公司最高的管理者。

眾多的職場實例告訴我們，在工作中，千萬不要為自己的失誤進行辯解，而要勇敢地承認自己的失誤。

只為成功找方法，不為失敗找藉口

成功也是一種態度，整日找藉口的人是不會獲得成功的。你可以悲傷、沮喪、失望、滿腹牢騷，也可以每天為自己的失意找到一千一萬個藉口，結果是你毫無幸福的感受可言。你需要找到方法走向成功，而不要總把失敗歸於別人或外在的條件。因為成功的人永遠在尋找方法，失敗的人永遠在尋找藉口，而一旦你找了藉口，就不會冥思苦想地去尋找方法了，而不找方法，你就很難走向成功。

約翰遜原來是一名普通的銀行職員，後來受聘於一家汽車公司。工作了六個月之後，他想試試是否有升遷的機會，於是直接寫信向老闆杜蘭特先生毛遂自薦。老闆給他的答覆是：「任命你負責監督新廠機器設備的安裝工作，但不保證加薪。」

約翰遜沒有受過任何工程方面的培訓，根本看不懂圖紙。但是，他不願意放棄任何機會。於是他發揮自己的領導才能，自己花錢找到一些專業技術人員完成了安裝工作，並且提前了一個星期。結果，他不僅獲得了升遷，薪水也增加了十倍。

「我知道你看不懂圖紙，」老闆後來對他說，「如果你隨便找一個理由推掉這項工作，我會讓你走。我最欣賞你這種工作不找任何藉口的人！」

工作中，我們對待問題的態度往往決定了能否解決問題以及解決問題的順利程度。人與問題的關係，類似獵手與獵物的關係：不是你消滅它，就是它消滅你。如

果對問題心存畏懼，一味地找藉口逃避，那麼，我們只能成為「問題」的「獵物」；我們只有直面問題，查出問題的根源，尋找方法，徹底解決問題，才能成為「問題」的「獵手」。

在職場中，老闆最痛恨的就是不找方法找藉口的員工。如果你是老闆，你分派了一項任務給員工，員工不僅沒有完成，反倒為自己找一大堆藉口，你會怎麼想呢？

美國人常常譏笑那些隨便找藉口的人說：「狗吃了你的作業。」藉口是拖延的溫床，習慣找藉口的人總會找出一些藉口安慰自己，總想讓自己輕鬆一些，舒服一些。這樣的人，不可能成為企業稱職的員工。要知道，老闆安排你這個職位，是為了解決問題，而不是聽你對於困難的分析。不論是失敗，還是做錯，再好的藉口對於事情本身也是沒有絲毫用處的。

優秀員工的核心素養是：當遇到問題和困難時，他們總是能夠主動找方法解決，而不是找藉口逃避責任，找理由為失敗辯解。也就是說，優秀的員工富有開拓和創新精神，他們絕不會在沒有努力的情況下，事先找好藉口，他們會想盡一切辦法完成老闆交給自己的任務。條件再困難，他們也會創造條件；希望再渺茫，他們也能找出許多方法解決。

好的方法往往能讓你脫穎而出，為你爭取到更大的發展空間。不要抱怨自己運氣不好，你該明白，絕大部分的機會都是自己爭取來的。

任何藉口都是在推脫責任

你在日常生活中，是否常聽到這樣一些藉口：上班晚了，會說「路上塞車」或「手錶停了」；考試不合格，會說「題目太偏」或「題量太大」；做生意賠了本有藉口；工作、學習落伍了也有藉口——只要有心去找，總不會缺的就是藉口。

其實，在每一個藉口的背後，都隱藏著豐富的潛臺詞，只是我們不好意思說，甚至根本就不願說出來。藉口讓我們暫時逃避了困難和責任，獲得了些許心理的安慰。可是，久而久之，就會形成這樣一種局面：每個人都努力尋找藉口來掩蓋自己的過失，推卸自己本應承擔的責任。

分析起來，我們經常聽到的藉口主要有以下幾種類型：

他們做決定時根本不聽我說的，所以這個不應當是我的責任（不願承擔責任）。

這幾個星期我很忙，我盡快做（拖延）。

我們以前從沒那麼做過，或，這不是我們這裡的做事方式（缺乏創新精神）。

我從沒受過適當的培訓來做這項工作（不稱職、缺少責任感）。

我們從沒想趕上競爭對手，在許多方面他們都超出我們一大截（悲觀態度）。

不願承擔責任、拖延、缺乏創新精神、不稱職、缺少責任感、悲觀態度，看看吧，那些看似冠冕堂皇的藉口背後隱藏著多麼可怕的東西！

工作中不少人一旦碰到問題，不是全力以赴去面對，而是千方百計地找出種種理由和藉口進行搪塞，逃脫責任。長此以往，因為有各式各樣的藉口可找，人就會疏於努力，不再想方設法爭取成功，而把大量時間和精力放在如何尋找一個合適的藉口上。

任何藉口都是推卸責任。在責任和藉口之間，選擇責任還是選擇藉口，展現了一個人的生活和工作態度。我們在工作的過程中，總是會遇到困難，我們是知難而進還是為自己尋找逃避的藉口？

西點軍校的萊瑞．杜瑞松上校在第一次赴外地服役的時候，有一天連長派他到營部去，交代給他七項任務：要去見一些人，要請示上級一些事，還有些東西要申請，包括地圖和醋酸鹽（當時醋酸鹽嚴重缺貨）。杜瑞松下定決心把七項任務都完成，雖然他並沒有把握要怎麼去做。果然事情並不順利，問題就出在醋酸鹽上。他滔滔不絕地向負責補給的中士說明理由，希望他能從僅有的存貨中撥出一點。杜瑞松一直纏著他，到最後不知道是被杜瑞松說服了，相信醋酸鹽確實有重要的用途，還是再沒有其他辦法能夠擺脫杜瑞松了，中士終於給了他一些醋酸鹽。

杜瑞松回去向連長覆命的時候，連長並沒有多說話，但是很顯然他有些意外，因為要在短時間裡完成七項任務確實非常不容易。或者換句話說，即使杜瑞松不能完成任務，也是可以找到藉口的。但是杜瑞松根本就沒有想到去找藉口，他心裡根本就沒有推脫責任的念頭。

杜瑞松上校的例子給我們提供了一個正確做法的典範。事實上，一個人做不好

一件事情，完成不了一項任務，有成千上萬條藉口在那兒響應你、聲援你、支持你，抱怨、推諉、遷怒、憤世嫉俗成了最好的解脫。藉口就是一塊敷衍別人、原諒自己的「擋箭牌」，就是一副掩飾弱點、推卸責任的「金鐘罩」。有多少人把寶貴的時間和精力放在了如何尋找一個合適的藉口上，而忘記了自己的職責和責任啊！

尋找藉口的實質，就是把屬於自己的過失掩飾掉，把應該自己承擔的責任轉嫁給社會或他人。這樣的人，在企業中不會成為稱職的員工，也不是企業可以期待和信任的員工；在社會上不是大家可信賴和尊重的人。這樣的人，注定只能是一事無成的失敗者。

勇於向「不可能完成」的工作發起挑戰

當老闆交給你一項有點難度的任務時，如果你推諉說自己大概「不能完成」，可以想像老闆對你有多麼失望。在老闆眼中優秀的員工是富有向「不能完成」的工作挑戰精神的員工。

勇於向「不可能完成」的工作挑戰的精神，是獲得成功的基礎。職場之中，很多人雖然頗有才學，具備種種獲得老闆賞識的能力，但往往有個致命弱點：缺乏挑戰的勇氣，只願做職場中謹小慎微的「安全專家」。對不時出現的那些異常困難的工作，不敢主動發起「進攻」，一躲再躲，恨不能避到天涯海角。他們心想要想保住工作，就要保持熟悉的一切，對於那些頗有難度的事情，還是躲遠一些好，否則，就有可能被撞得頭破血流。結果，終其一生，也只能從事一些平庸的工作。

西方有句名言：「一個人的思想決定一個人的命運。」不敢向高難度的工作挑戰，是對自己潛能的畫地為牢，只能使自己無限的潛能化為有限的成就。與此同時，無知的認識會使你的天賦減弱，因為你的懦夫一樣的所作所為，不配擁有這樣的能力。

「職場勇士」與「職場懦夫」，在老闆心目中的地位有天壤之別，根本無法並駕齊驅，相提並論。一位老闆描述自己心目中的理想員工時說：「我們所急需的人才，是有奮鬥進取精神，勇於向『不可能完成』的工作挑戰的人。」具有諷刺意味的是，世界上到處都是謹小慎微、滿足現狀、懼怕未知與挑戰的人，而勇於向「不可能完成」的工作挑戰的員工，猶如稀有動物一樣，始終供不應求，是人才市場上的「搶手

貨」。

在如此失衡的市場環境中，如果你是一個「安全專家」，不敢向「不可能完成」的工作挑戰，那麼，在與「職場勇士」的競爭中，永遠不要奢望得到老闆的垂青。當你萬分羨慕那些有著傑出表現的同事，羨慕他們深得老闆器重並被委以重任時，那麼，你一定要明白，他們的成功決不是偶然的。

如同秧苗的茁壯成長必須有種子的發芽一樣，他們之所以成功，得到老闆青睞，很大程度上取決於他們勇於挑戰「不可能完成」的工作。在複雜的職場中，正是秉持這一原則，他們磨礪生存的利器，不斷力爭上游，才能脫穎而出。

職場之中，渴望成功，渴望與老闆走得近一些，是多數員工的心聲。如果你也在其列，那麼當你面對一件別人認為難以完成的工作時，不要抱著「避之唯恐不及」的態度，更不要重複「根本不能完成」的念頭——這等於在預演失敗。就像你在考試前，不斷告訴自己這次一定考不好。在這種狀態下難道你能正常或者超常發揮嗎？

人的潛力是無窮的，告訴自己一定能夠完成。懷著這種積極的心態，用行動去爭取「職場勇士」的榮譽吧。讓周圍的人和老闆都知道，你是一個意志堅定，富有挑戰力，做事敏捷的好員工。這樣一來，你就無須再愁得不到老闆的認同了。

你也許會用「說起來簡單做起來難」來反駁這些思想。其實，很多看似「不可能」的工作，困難只是被人為地誇大了。當你冷靜分析、耐心梳理，把它「普通化」後，你常常可以想出很有條理的解決方案。

而最值得一提的是，要想從根本上克服這種無知的障礙，走出「不可能」這一自我否定的陰影，躋身老闆認可之列，你必須有充分的自信。相信自己，用信心支撐自己完成這個在別人眼中不可能完成的工作。

信心會給予你百倍於平常的能力和智慧。因為「自信的心」能夠打開想像的枷鎖，讓你能夠馳騁在理想的空間，賦予你實現夢想的「關鍵元素」——足夠的能力和智慧。

你或許也發現了這樣一種情況：在你的周圍，那些十分自信的同事總能把工作完成得很好，而在你眼中，這些工作常是不可能完成的。可是到了他們那裡，一切都迎刃而解，也因此，他們越來越受老闆器重。

此時此刻，在了解了自信的魅力後，相信你不會再對他們投注那麼多的驚嘆和質疑。要知道，如果你自己擁有了足夠的自信，同樣也有能力化腐朽為神奇，將「不可能」變為「可能」。

當然，在灌注信心的同時，你必須了解這些工作為什麼被譽為「不可能完成」，針對工作中的種種「不可能」，看看自己是否具有一定挑戰力，如果沒有，先把自身功夫做足做好，凡事量力而為。你要清楚既然是公認的「不能完成」的工作就一定有它「不能完成的道理，所以你在向它挑戰時一定要慎之又慎。

如果你對自己的挑戰力判斷有誤，挑戰之後讓「不可能完成」變成現實，千萬不要沮喪失望。聰明、成熟的老闆，一定不會只看結果是成功還是失敗了，他決定你是否應該受到器重，還會觀察你的勇於挑戰的工作態度和頭腦的運用。他比任何人都明白，沒有一種挑戰會有馬到成功的必然性。所以，你依然是老闆喜愛的「職場勇士」。同時，你所經歷的、所得到的，都是膽怯觀望者們永遠都沒有機會知道的——因為他們根本就不敢嘗試。

第四章　優秀員工等於埋頭苦幹的決心加用心做事的智慧

努力掌握工作的各種技能

工作中在其位只謀其政無可厚非，但若你能掌握更多的工作技能，那麼你的位置會變得不可替代。

如果你現在的職位並非因為自己的苦幹，而是透過其他方式得到的，那麼你做起來一定不會感覺太好。你謀得好的職位是因為父親的面子，或是其他親友的提攜，而如果沒有這些外力的加入，你要再花費多少精力，經過多長時間，做出多少業績，才能達到這個地位呢？

在這樣的職位上，你不會有很高的工作興致，因為這個職位不是你一步一步逐漸謀得的，你對這個工作也並沒有完善的技能。但是任何重要的職位絕非淺陋的學識、低劣的才幹做得了的，所以，你做事時必將碰壁，那時，你仍願意在那裡走下去嗎？

如果你想改變這種狀況，而且對自己的雙手和頭腦有十足的信心，確信自己肯定能夠愉快地勝任、並能有所建樹時，你不要再灰心喪氣，不要再怕吃苦，不要再埋怨升遷太慢了。你應該一步一個腳印地去做，你應該像裁判要求參賽者那樣嚴格要求自己，把自己訓練培養成一個適合你所期望的職位的人，而其中一個關鍵的問題就是：掌握必要的工作技能，讓自己足以勝任這個職位。

在公司中，如果你掌握了必要的工作技能，就能提升自己在老闆心目中的地位。隨之，你會頻頻出現在公司重要的會議上，甚至被委以重任，因為在老闆心中，你已經變得不可替代了。

有一個公司老闆聘用了一個叫迪斯林的年輕人做自己的司機，迪斯林只領取屬於自己的那一份酬金。而可貴的是，這個年輕人並不滿足於此，還經常為老闆寄發一些信件，處理一些手頭上的問題。這樣一來，他對公司的一些業務也了解了很多。

漸漸地，如果老闆有事情脫不開身時，就讓他代為處理。他還在晚飯後回到辦公室繼續工作，不計報酬地做一些並非自己分內的工作，而且在超越自己的工作範圍內也力求做得更好。

有一天，公司負責行政的經理因故辭職，老闆自然而然地想到了他。在沒有得到這個職位之前已經身在其位了，這正是他獲得這個職位最重要的原因。

當下班的鈴聲響起之後，他依然坐在自己的職位上，在沒有任何報酬承諾的情況下，依然刻苦訓練，最終使自己有資格接受這個職位，並且使自己變得不可替代了。

無論你目前從事哪一項工作，一定要使自己多掌握一些必要的工作技能。在你主動提高自己的工作技能時，你應當明白，自己這樣做的目的並不是為了獲得金錢上的報酬，而是為了使自己更長久的發展。更重要的是，你必須多掌握一些必要的工作技能，然後才能在自己所選擇的終身事業中，成為一名傑出的人物。

要有做事的能力，更要有懂事的智慧

不僅僅是「做什麼事」要聽老闆的，更重要的是懂得「如何做」，也必須要善於洞察老闆的秉性而行。

如果說能辦事是在職場生存、發展的根本，那麼能懂事則是生存、發展的強大武器。沒有這個武器，想在職場混出頭，困難得很！能辦事，就是擁有辦事的能力。那什麼叫懂事呢？就是多懂得一點人情世故。

三國時候的楊脩，夠聰明吧，會辦事，也能辦事，但最後結果怎麼樣？聰明反被聰明誤，落得個身首異處，原因就在於他太不懂事了，有些事情心知肚明即可，說出來就是禍。「齊天大聖」孫悟空厲害吧，七十二般變化，上天入地，翻江倒海，幾乎是無所不能。但看過《西遊記》的人應該都記得，唐僧在派弟子化齋時，總是讓好吃懶做的豬八戒去，而很少派孫悟空，原因在哪裡呢？就在於孫悟空太過毛躁，不懂得人情世故。

南宋時期，宋孝宗常常感歎手下缺少能辦事的臣子。右文殿修撰張南軒對他說：「你應該去尋找能懂事的臣子，而不僅僅是能辦事的臣子」。

與此類似的還有《水滸傳》裡宋江對李逵的態度，道理都在這。

現在這個社會，能辦事的人很多，在這一點上，你很難和別人分出高低，除非你擁有的是很少有人會的本事，否則，要分出真功夫，很多時候，還要看誰能多懂一點事。

來看看下面的這個職場實例：

公司裡新招了一批職員，老闆抽時間與大家見個面。

「黃樺。」

全場一片靜寂，沒有人應答。

老闆又重複了一遍。

一個員工站起來，怯生生地說：「我叫黃燁，不叫黃樺。」

人群中發出一陣低低的笑聲。

老闆的臉色有些不自然。

「報告經理，我是打字員，是我把字打錯了。」一個精明的年輕人站了起來，說道。

「太馬虎了，下次注意。」老闆揮揮手，接著念了下去。

沒多久，打字員被提升為公關部經理，叫黃燁的那個員工則被解僱了。

顯然，單論辦事能力，那位員工應該在打字員之上。但卻明顯的有些不懂事，不懂得給老闆臺階下，這個時候，要懂得應變，如果實在沒有好的應變方法，可以在會後委婉地向老闆表明或者透過其他手段為自己正名，但千萬不要在大庭廣眾之下指出。

在這方面，那位打字員做得就比較好，這樣的員工是每個老闆都喜歡的。他的行為不是阿諛奉承，而是一種解救別人尷尬的策略，是人情練達的表現。最終得到老闆的賞識也是合乎情理的。當然，這位打字員最終能否成功，還得看他辦事的能力，但至少他以此為自己贏得了機遇。

其實，懂事不僅展現在處事方式上，還展現在修養、禮儀等細節上。

再來看一個職場實例：

秦茹和喬萍是同一天來到這家著名廣告公司應聘美編的，單從兩個人的作品上看，技術水準不相上下。不過秦茹在思路方面略勝一籌，因為她在別處做過三年美編，經驗相對於剛畢業的喬萍自然要豐富一些。兩個人一起被通知參加實習，而且結果很明確，只能留下一個。

秦茹上班時間從來都是一身T恤短褲的打扮，光腳踩一雙拖鞋，也不顧辦公室

的換鞋規定，屋裡屋外就這一雙鞋，還振振有詞地說：「我前一間公司那裡上班的人都這樣，再說我這不是穿著拖鞋嗎。」不管是在工作臺前畫圖，還是在電腦前操作，只要做得順手，一高興起來還會把鞋踢飛。剛開始，同事們還把她的鞋藏起來，和她開玩笑，後來發現她根本不在乎，光著腳也到處亂跑。相反，喬萍是第一次工作，多少有點拘謹，穿著也像她的為人一樣——文靜、雅致之外，還帶著少許靈氣，她從來不以奇怪髮型、亮麗眼妝來標榜自己是搞藝術的，只是在小飾品上展示出不同於一般女孩的審美觀點來，說話溫溫柔柔的，很可愛。

有一天中午，辦公室的空氣中忽然飄出腥臭味道，弄得一群人互相用猜疑目光觀察對方的腳，想弄清到底誰是「發源地」。後來，大家發現窗臺下面有窸窸窣窣的響聲，原來那裡放著一個黑色塑膠袋，有膽子大的打開來一看，居然是一大袋海鮮。眾人的目光不約而同地集中在秦茹身上，沒想到這人竟坦坦蕩蕩地說：「小題大做，原來你們是在找這個。都怪這附近賣的海鮮不夠新鮮。」這時喬萍端過來一盆水：「秦茹姐，把海鮮放在水裡吧，我幫妳拿到走廊去，下班後妳再裝走。」秦茹一邊紅著臉，一邊把袋子拎走了。

結果呢，試用期才過了兩個月，秦茹就背包走人了。儘管她的方案比喬萍做得要好，但是老闆不想因為留下這樣一個太不修邊幅的人，而得罪一大批員工。臨走的時候，老闆對秦茹說：「你的才氣和個性都不能成為你攬擾別人心情的原因，也許你更適合一個人在家裡成立工作室，但要在大公司裡與人相處，處世得體和合作精神是十分重要的。」

在這個例子中，論能力，秦茹要比喬萍高一籌，但最後還是輸在能辦事卻不能懂事這一點上，在修養、禮儀方面比人家差了一點。須知，職場之中無小事。不要以為小節無傷大雅，相反，要懂得從小處入手，樹立良好形象，全方位完善自我，這樣才能更好的施展自己的能力和抱負。

如果說能辦事是在職場生存、發展的根本，那麼能懂事則是生存、發展的強大武器。沒有這個武器，想在職場混出頭，可難得很！

當然，要真正學會懂事不是一件容易的事情，必須要經過一番深入的磨礪，用心揣摩，更多的去實踐，才能體會到箇中滋味。

如何提高你的工作效率

能很快地完成上司交代的任務，工作效率高又好的員工是最能讓老闆喜歡的員工。

現實生活中很多員工存在著工作效率差的毛病，其原因關鍵是對工作缺乏熱情。試想，當你冷淡地出現在辦公室裡，面前的工作對你而言就像是一具具枷鎖，使你厭倦無比，那你又怎麼能愉快地充滿效率地去完成它們呢？請把你的精神提到十二分，滿腔熱忱地面對工作，那麼工作效率肯定會提高，你也一定會以出色的成績贏得老闆的賞識。

下面是提高工作效率的一些具體方法：

當你情緒低落、精神緊張或感覺沉悶並且辦公桌上的工作被擱置時，立即請同事幫忙打一些文件；請送信員與你一同處理大堆要寄出的信件；若你需要解決一個複雜的計畫，把它分化成數個小項目，一天完成一兩個；或給自己一個完成工作後的獎勵，如到海灘享受日光浴。

要是你還不清楚工作的重心，可考慮以下的方法：

在你最苦惱的時候，停止工作十五分鐘，離開辦公桌，去喝杯水或散步，然後當你重新返回職位時，就有一股新氣氛，令你更易投人工作。

如果工作實在太多，實在不知道從何處下手，那就給自己訂一個完成日期吧！不管工作由你一人去做，還是有別人參與，都要以那個「日期」為目標。

另外，文件工具到處擺放，雜亂無章，不管是誰也會興趣索然，所以請把所有東西收拾好，只留下你將要處理的文件，這樣可以減輕壓力，使你工作更舒服。

一位企業的高級經理這樣說道：「半年前，上司要我在兩個員工中選擇提升一人。甲的工作表現一向良好，乙則在情緒穩定時表現傑出。最後甲獲得晉升，因為我需要的是一個隨時都能效命的助手，而不是一個間歇地創造奇蹟的人。」可見，穩定的情緒對工作的重要性。那麼如何保持穩定的情緒呢？

先把自己工作環境布置一下，放一些精緻的小擺設、禮物和綠色盆栽吧！它們會在你心情不好時，讓你心曠神怡；何況，有親切的東西陪伴左右，你的心情一定會好許多，工作起來更起勁更有效率。

當你心情煩躁時，盡量不要約訪客戶；而邀約朋友共進午餐，可以緩和緊張的情緒；抽屜裡不妨放些休閒雜誌，在緊張、苦悶的時候，或許會派上用場。

要學會將自己的煩惱在工作時藏起來。在工作時，老闆可能會理解、體諒你的煩惱，但絕不會原諒你由於煩惱而產生的工作失誤。

如果你一向在工作上表現出色，卻因失戀，不能集中精力工作，頻頻請病假，午餐時常常向友人訴苦，以致浪費兩個多小時……過去的努力換來的地位，將會毀於一旦。這是不是有點太不值得了呢？

若是一些私事，令你情緒低落，而工作又並不太忙碌，索性請一天假，去到處走走休息一下，先把情緒穩定下來。這樣工作時就會有一個好的情緒。可是，如果工作堆積如山，那又該怎麼辦呢？

不妨先把精力都集中在工作上，把工作當成唯一，甚至超時工作，提早完成，當一切做妥後，那種滿足感和成就感，或許就能超過你的傷感呢。最為重要的是這樣反而大大的提高了工作效率，上司看在眼裡，肯定會喜在心頭，對你備加欣賞。

遇事不要蠻幹，做動腦型員工

曾經有一家國內大型企業的總經理，對他的員工這樣說：「我們的工作，並不是要你去拚體力，而需要你帶著大腦來工作。」

日益激烈的現代市場競爭，要求每一個優秀員工都應該勤於思考，善於動腦分析問題和解決問題。企業需要的員工，是有創意、有應變能力的員工，是能幫助企業解決問題的員工。有些員工缺乏思考能力，也缺乏解決問題的能力。他們總是等著上司的指示，在遇到問題時，不知道多去探求「為什麼」，多想想「怎麼辦」，而是逃避問題，這樣的員工不僅不受企業的歡迎，而且在職場上也很難生存發展。

同樣一項工作任務，有的員工可以十分輕鬆地完成，而有的員工還沒有開始就時不時出現這樣或那樣的問題。其中的關鍵，就在於前者用大腦在工作，想方法去解決問題。在工作時多動腦筋、勤於思考、善用大腦工作的員工，必定比推脫責任的員工更有工作績效。

一家建築公司在為一棟新樓安裝電線。在一個地方，他們要把電線穿過一條

二十公尺長，但直徑只有三公分的管道，而管道砌在磚石裡，並且拐了五個彎。他們開始感到束手無策。

後來，一位愛動腦筋的裝修工人想出了一個非常新穎的主意：他到市場上買來兩隻白鼠，一公一母。然後，他把一根電線綁在公鼠身上，並把它放在管子的一端。另一名工作人員則把那只母鼠放到管子的另一端，並輕輕地捏它，讓它發出吱吱的叫聲。公鼠聽到母鼠的叫聲，便沿著管子跑去找它。公鼠沿著管子跑，身後的那根電線也被拖著跑。因此，人們很容易地把兩根電線連在了一起。就這樣，穿電線的難題順利得到解決。這位愛動腦筋的裝修工人也因此得到了同事們的喜歡和老闆的嘉獎。

所以，不管工作有多忙、多困難，都應該在必要的時候停下來好好想一下，而不要覺得事情只能到此為止了，再怎麼努力也沒辦法了。只有在工作中主動想辦法解決困難、堅持不懈、不找任何藉口的人，才能成為公司中最受歡迎的員工。

一九五二年，由於受經濟風波的影響，日本的東芝電器公司累積了大量的電風扇銷售不出去，為此，公司的相關人員雖然絞盡腦汁想了很多的辦法，但銷量還是不見起色。看到這個情況，公司的一個基層小職員也努力地想辦法，幾乎到了廢寢忘食的程度。

一天，小職員看到街道上有很多小孩子拿著許多五顏六色的小風車在玩，腦中裡突然靈機一動：為什麼不把風扇的顏色改變一下呢？這樣既受年輕人和小孩子的喜歡，也讓成年人覺得彩色的電扇能為屋裡增光添彩啊。

想到這裡，小職員急忙跑回公司向總經理提出了建議，公司聽了這個建議後非常重視，特地召開了大會仔細研究並採納了小職員的建議。

第二年夏天，東芝公司隆重推出了一系列彩色電風扇，一改當時市場上一律黑色的面孔，很受人們的喜愛，掀起了搶購狂潮，短時間內就賣出了幾十萬臺，公司很快擺脫了困境。而這位小職員不但因此獲得了公司百分之二的股份，同時也成為了公司裡最受大家歡迎的職員。

思考，是人類特有的能力。努力工作是一件好事情，但還要多動腦、多思考，這樣才能真正做出成績，獲得成功。

在工作中，若僅僅只按照老闆的吩咐去完成任務，那是遠遠不夠的，任何時候

都要做一個用頭腦努力去想辦法、主動尋找方法、把事情做到最好的員工。能從工作中成長起來的員工，都是主動解決問題的「動腦型」員工。

解決問題的祕訣，就在於用大腦去想方法，就在於把自己的智慧投入到工作中。

養成有條理的工作習慣

一位企業家曾談起了他遇到的兩種人。

有個性急的人，不管你在什麼時候遇見他，他都是急急忙忙的樣子。如果要跟他說話，他只能拿出幾秒鐘的時間，時間稍長一點，他就會伸手把錶看了又看，暗示著他的時間很有限。他公司的業務做得雖然很大，但是開銷更大。究其原因，主要是他在工作安排上亂七八糟，毫無秩序。他做起事來，也常為雜亂的事情所阻礙。結果，他的事務是一團糟，他的辦公桌簡直就是一個垃圾堆。他總是很忙碌，從來沒有時間整理自己的東西，即便有時間，他也不知道怎樣去整理、安放。

另外有一個人，與上述那個人恰恰相反。他從來不顯出忙碌的樣子，做事非常鎮靜，總是很平靜祥和。別人不論有什麼難事和他商談，他總是彬彬有禮。在他的公司裡，所有員工都寂靜無聲地埋頭苦幹，各樣東西安放得也有條不紊，各種事務也安排得恰到好處。他每晚都要整理自己的辦公桌，對於重要的信件立即就回覆，並且把信件整理得井井有條。儘管他經營的規模要大過前一個人，但別人從外表上總看不出他有一絲一毫慌亂。他做起事來樣樣辦理得清清楚楚，他那富有條理、講求秩序的作風影響到他的全公司。於是，他的每一個員工做起事來也都極有秩序，一片生機盎然之象。

這位企業家總結說：「這兩個人的差別在於，前者對於工作沒有條理性，而後者對於工作則具有順暢的條理性。」

那麼，如何讓我們的工作更規範、更有條理呢？

一、清楚自己的工作內容

我們要清楚自己怎樣才能做好工作以及除了做好分內工作外，還有那些可以協助或者自己能力所及的。平時要歸類整理和計劃自己的工作，要清楚自己應該怎麼做。

二、**建立資料庫，使日後工作更輕鬆**

任何優秀的方案離不開累積，要想使自己的工作更輕鬆，更完美，平時的累積最重要。

每天花兩到三個小時的時間（工作或者非工作時間，根據自己工作內容安排），從各方面蒐集並儲存和自己工作相關的資料（可以是雜誌、網站、日常交流等）。留存形式可以是筆錄、複製的文件，或者是一個激發靈感的短片。整理好後歸類入庫。時間一久，你會發現你的硬碟是一個寶庫。這也是方便萬一工作中有特殊情況，不能正常運作，有新人接手時，可以根據資料庫第一時間上手，保證工作正常運轉。

三、**合理安排工作時間**

根據自己每週的工作時間及需要做的工作任務以及工作習慣，給自己制定個計畫——什麼時候該做什麼，花多長時間做，剩餘的時間做什麼，未能完成的工作什麼時候做。只有合理安排好工作時間，才能使工作更有條理、更順利。

四、尋求提高工作效率的捷徑

要想在職場中成為佼佼者，光是埋頭苦幹是沒用的，如何在工作過程中找到自己最快捷和有效的辦法是關鍵，這需要個人的經驗累積。每個人的方法不一樣，但這樣做你就會成功，不這樣做你就會落後。

五、工作日誌

每天上班前花五分鐘時間，安排好當天的工作內容：下班前五分鐘，整理一下當天的工作進度。

職場中不少才能平平的人，卻比那些才能超群的人會取得更大的成就，人們常常為此感到驚奇。但透過仔細地分析，便不難發現其中的奧祕：他們養成了有條不紊的做事習慣，能更好地利用有限的精力。相反，如果不講究秩序和條理，盲目地做事，不但使人筋疲力盡，也容易使健康受損。所以，把事情安排得井井有條，做起事來，會更加容易、方便，能達到事半功倍的效果。

勇於打破常規，嘗試用新方法解決問題

世間萬事萬物無一都處於變化之中，時代和社會不斷變化更新，人們的消費心理也在不斷改變與更新。如果一直照著原來的方式去做，不論做什麼都「以不變應萬變」，社會在發展，企業卻難以為繼。

事實證明，並不是每個人都可以成功地發揮自己的創造力，從而取得別人所不可能取得的成績的。人們不能發揮創造力的原因多種多樣，有的是因為心中存在某種局限性觀念，有的是存在某種障礙，也有的是因為沒有處理好與創新的各種關係。員工要提高和發揮自己的創造力和創新思維就必須做到突破許多思維障礙，勇於打破一切常規。

麥克是一家大公司的高級主管，他面臨一個兩難的境地。一方面，他非常喜歡自己的工作，也很喜歡跟隨工作而來的豐厚薪水。他的位置使他的薪水只增不減。但是，另一方面，他非常討厭他的老闆，經過多年的忍受，他發覺已經到了忍無可忍的地步了。在經過慎重思考之後，他決定去獵頭公司重新謀一個別的公司高級主管的職位。獵頭公司告訴他，以他的條件，再找一個類似的職位並不費力。

回到家中，麥克把這一切告訴了他的妻子。他的妻子是一個教師，那天剛剛教學生如何重新定義問題，也就是把你正在面對的問題換一個角度考慮，把正在面對的問題完全顛倒過來看——不僅要跟你以往看這問題的角度不同，也要和其他人看這問題的角度不同。她把上課的內容講給了麥克聽，麥克也是頭腦靈光的人，他聽了妻子的話後，一個大膽的創意在他腦中浮現了。

第二天，他又來到獵頭公司，這次他是請公司替他的老闆找工作。不久，他的老闆接到了獵頭公司打來的電話，請他去別的公司高就，儘管他完全不知道這是他的下屬和獵頭公司共同努力的結果，但正好這位老闆對於自己現在的工作也厭倦了，所以沒有考慮多久，他就接受了這份新工作。

這件事最美妙的地方，就在於老闆接受了新的工作，結果他目前的位置就空出來了。麥克申請了這個位置，於是他就坐上了以前他老闆的位置。

這是一個真實的故事。在這個故事中，麥克本意是想替自己找份新工作，以躲開令自己討厭的老闆。但他的妻子讓他懂得了如何從不同的角度考慮問題，結果，他不僅仍然幹著自己喜歡的工作，而且擺脫了令自己煩惱的老闆，還得到了意外

的升遷。

所以說，在面對問題時，不能只從問題的常規角度去思考，要不斷發揮自己智慧的潛力，打破常規，從常規的方面尋找解決問題的辦法，這樣往往就會使問題得以解決。

學會合理分配你的工作時間

身為一個好員工，一定會自覺地給自己制定一張「工作時間表」，合理安排進度，有步驟地工作，這是一個有責任心、有效率的員工的基本素養。

在現實生活中，有些員工看起來非常繁忙，似乎有許多事情要做，結果是手忙腳亂、疲於奔命，缺乏成效。因此，效率往往是一名優秀的員工必須注意的問題。否則，事倍功半，拖泥帶水，怎能證明你的工作能力強？

想要有效率地工作，合理安排時間是一項絕對必要的措施。它是一種非常重要並有助你成功的活動。

現在我們來討論如何更妥善地利用時間，從而使工作更有效率。我們並不主張你把工作時間延長到十至十二小時，如果你願意，甚至還可縮短花在工作上的時間。

糟糕的是，許多員工確實試圖延長他們的工作時間，以獲得老闆的欣賞，但那是沒有益處的。工作不是固體，它像是一種氣體，會自動膨脹，並填滿多餘的空間。

這就是時間管理專家並不鼓勵你為解決時間問題，而延長工作時間的理由。

延長工作時間不是辦法。你所做的事情決定你的效率，而且進一步說，甚至還關係著你的健康。

義大利經濟學家和社會學家柏拉圖，在他所創造的柏拉圖原則中指出：在一個群體中，重要的成分通常只占全部成分的一個相對小的比例，你的百分之二十的活動，占你所有活動的百分之八十的價值，這就是二八定律。

這個原則令人吃驚的地方，是它似乎對所有的事情都適用。百分之二十的業務員帶來百分之八十的新業務；百分之二十的發明項目，創造了全部發明價值的百分之八十；百分之二十打電話給你的人，占用你百分之八十的打電話時間等等。

百分之八十和百分之二十這個數字可能不準確，但這個原則在實踐中肯定是

適用的。

效率是員工必須考慮的重要問題，因為一個沒有效率的員工，一定不會產生效益，沒有效益，也就失去了老闆的重視。甚至可以說，效率的高與低是考核員工的一個重要方面。

當跟不上工作進度時，員工應採取以下措施：

（1）立刻向老闆匯報。

（2）當員工向老闆報告問題的時候，應當有一個補救紕漏的計畫。老闆希望知道問題，但更希望知道解決問題的方法。

（3）揭示引起延誤的原因。只有知道了癥結所在，才能解決問題。

（4）進行調整。

（5）跟朋友、妻子商量，徵求大家的建議。

（6）如果不能改正整個問題，就尋求妥協的辦法。

總之，正確掌握處理問題的方法，才能證實員工的強效能力，才能給老闆一個好的交代。

第五章　聽命行事重要，積極做事更重要

比老闆更積極主動

如果你想取得乃至超過老闆所取得的成就，辦法只有一個，那就是比老闆更積極主動地工作。

英特爾總裁安迪．葛洛夫應邀對加州大學柏克萊分校畢業生發表演講的時候，提出以下的建議：「不管你在哪裡工作，都別把自己當成員工——應該把公司看作自己開的一樣。」

職業生涯除了自己之外，全天下沒有人可以掌控，這是你自己的事業。你每天都必須和好幾百萬人競爭，不斷提升自己的價值，精進自己的競爭優勢以及學習新知識和適應環境；並且從轉換中以及產業當中學得新的事物——虛心求教，這樣你才不會成為某一次失業統計資料裡頭的一分子。而且千萬要記住：從星期一開始就要啟動這樣的程序。

怎樣才能夠把自己當作公司老闆的想法表現於行動呢？那就是要比老闆更積極主動地工作，對自己所作所為的結果負起責任，並且持續不斷地尋找解決問題的辦法。照這樣堅持下去，你的表現便能達到嶄新的境界，為此你必須全力以赴：

一、比老闆工作的時間要長

不要認為老闆整天只是打打電話，喝喝咖啡而已。實際上，他們只要清醒著，頭腦中就會思考著公司的行動方向。一天十幾個小時的工作時間並不少見，所以不要吝惜自己的私人時間，一到下班時間就率先衝出去的員工不會得到老闆喜歡的，即使你的付出得不到什麼回報，也不要斤斤計較。除了自己分內的工作之外，盡量找機會為公司做出更大的貢獻，讓公司覺得你物超所值。比如：下班之後還繼續在工作職位上努力，盡力尋找機會增加自己的價值，儘量彰顯自己的重要性，使自己不在工作職位上的時候，公司的運作顯得很難進行。

二、搶先思考

任何工作都存在改進的可能，搶先在老闆提出問題之前，已經把答案奉上的行動是最深得老闆之心的，因為只有這樣的職員才真正能減輕老闆的精神負擔。工作交到老闆手上後，他就不用再為此占用大腦空間，可以騰出來思考別的事情了。

事實上，能夠做到這一點的人並不多。也許可以說，能長期有本事跟老闆在工作上競賽，而且有本事把對方擊敗的，也差不多可以夠得上資格當老闆了。

為此，要成為老闆的心腹，即使不能每一次都比老闆反應得快，但至少要有一半以上的次數不要讓他比下去。老闆在知道你不是他的對手時，就很自然地會對你信任起來，此所謂「識英雄者重英雄」，再棒的老闆都需要有人才在身邊的。

三、不要滿足於自己的成就

老闆成功的原因就是一步步累積，從不滿足。如果你想比他更出色，就應該時刻警告自己不要躺在床上安逸地睡懶覺，讓自己每天都站在別人無法企及的位置上，這樣機會很快會垂青於你。

能夠做到比老闆更積極主動工作的人並不多，如果你能成為其中一員，當然會有很大收穫。

讓積極敬業成為你的工作習慣

微軟的董事長比爾蓋茲說：「如果我必須在我的工作和擁有很多財富之間選擇的話，我會選擇工作，我覺得領導著成千上萬能幹的人要比在銀行裡擁有一大筆資金更令人激動。」

積極敬業，就是說，要尊重自己的工作，工作時要積極投入自己的全部身心，甚至把它當成自己的私事，無論怎麼付出都心甘情願，並且能夠善始善終。

在商品競爭非常激烈的現代社會，從某種角度上講，一個公司的員工的敬業程度決定了其生死存亡。要為客戶提供優秀的服務，要創造優秀的產品，就必須具備忠於職守的職業道德。遺憾的是，在我們當中總是有那麼一部分人，他們工作時遊手好閒，偷工減料，藉口滿天飛，還一點都不知道悔改。也許，在他們的腦海中根本就沒有敬業這個詞，更不會想到把職業當作一項神聖的使命。

有人曾問一位成功學家：「大學教育對年輕人的未來是否是必要的？」

這位成功學家的回答很值得我們思考：「但就商業來說，這不是最關鍵的。在

商業中，最重要的素養是敬業精神，在最需要培養忠於職守的工作精神的時候，許多年輕人卻被他們的父母送進了大學校園，讓他們在象牙塔中度過了人生中最快樂浪漫的時光。不幸的是，當他們學有所成，正當創業之時，卻不能聚集精力投入工作，因而往往錯過了許多成功的機遇。」

只有幹一行，愛一行，一心一意，認真積極，你才能在工作中脫穎而出。

以比爾蓋茲為例，蓋茲常在夜晚或凌晨向其下屬發送電子郵件，編程人員常可在上班時發現蓋茲凌晨發出的電子郵件，內容是關於他們所編寫的電腦程序。蓋茲還經常在夜晚檢查編程人員所編寫的程序，再提出自己的評價。蓋茲的位於華盛頓湖畔對岸的辦公室距其住所只有十分鐘的駕車路程。一般情況，他於凌晨左右開始工作，至午夜後再返回家裡，他每天至少要花數小時來答覆員工的電子郵件，可見，蓋茲是個典型的工作狂。

積極敬業應有始有終，它應該是你應具有的一種品德，而不是老闆強迫你，你才這樣做的。

所以，你要以事業為第一生命，要努力提高自身工作效率，否則，你的工作常常落在別人後面，別說升遷加薪，恐怕連你在公司的職位都難以保全。

幾乎所有的老闆都以事業為第一生命，都以比爾蓋茲為創業的楷模，也要求他的員工也以事業為人生奮鬥的核心。老闆們認為，有志向的員工應隨時準備獻身事業。

另外，從老闆自身的利益考慮，他必然精打細算，任何支出必須爭取獲得超額回報，所以多數員工都會遇到老闆要求免費奉獻的情況。相信在職場做事的人，誰都會遇到這樣的事，但是你不要介意，既然你從事了這一職業，選擇了這一職位，就必須接受它的全部，就算是屈辱和責罵，那也是這個工作的一部分，而不是僅僅只享受它給你帶來的益處和快樂。

毫無怨言，積極努力地對待你的工作吧，它將是你人生中向上的臺階。

積極的員工更容易贏得老闆的賞識

積極的員工會獲得老闆的賞識，這是每一個員工都懂得的道理，關鍵是你在工

作中必須運用積極主動。勤奮、敬業、有想法，能幫助老闆分擔責任和壓力，這樣的員工是積極主動的，是老闆最滿意的。

瑪麗是一家大公司的一位技術人員，她接到了一項緊急任務：根據老闆的筆記，準備好業務進展曲線圖表。起草圖表時，她注意到老闆寫道：「按我的意思辦。」瑪麗明白，老闆出現了疏忽。於是，便通報老闆，告知已經糾正了這一錯誤。老闆感謝她及時發覺了他的疏忽。當第二天向上呈報未出絲毫紕漏後，老闆非常欣賞她的工作態度，並且讓她擔任了自己的助理。

怎樣才能做到積極主動，以贏得老闆賞識呢？以下幾點必須得注意：

一、有強烈的主人翁意識

在老闆的心目中，好員工應該具有強烈的主人翁意識，關心集體，關心公司的發展；在工作中及時發現並反應生產、技術、管理等各方面存在的問題，能提出合理的建議。而積極的員工會把公司當成是自己的。

二、工作勤奮，有熱情

在工作的時候，能把全部的精力和注意力放在工作上。不要因為娛樂等其他事務分散注意力，影響工作。一個不懂得輕重緩急的人是不值得信賴的。

三、忠誠和尊重上級

一個優秀的下屬要懂得尊重上司，尤其是他人面前更要對上級表現出特別的敬重，一個不能夠維護上級的人，絕不是一個好部下。即便是上司不在場時，也要對他或她表示尊重，這不僅會提升上級的聲譽，也會使他人對你留下好印象。如果有需要與老闆探討和爭論的事情，也應該找個沒有第三者的場合。

四、有協調能力

這種協調，不只是指與人協調，更是指與自己的協調。一個稱職的職員，能充分發掘潛能，會利用一切可以利用的資源，在合理的時間內，創造良好的工作業績。他會盡力避免情緒波動，保持良好的精神狀態，保持身心的協調一致，善始善終地做好一件事，然後再做另一件事。

五、坦率而公正

一個優秀的下屬，不會刻意恭維和順從老闆，他一方面要在重大問題上與老闆保持一致，另一方面也會與老闆經常交換意見和建議，只要這些建議有利於公司事業的發展。但在談及這些事情的時候，他會注意方式方法，會選擇適當的時機和地點，以雙方都能接受的方式進行。對於談話的結果，也要有一種平和的心態，不要以為不接受你的建議就是不在乎你，因為老闆總是有他自己的考慮。

六、足智多謀，能獨當一面

老闆欣賞富有智謀，能獨立完成工作的人。那些依賴性強，不能處理的問題總是有漏洞的人，會引起老闆的反感。

七、用大腦工作

同樣一項工作，有的員工可以十分輕鬆地完成，而有的員工還沒有完成就時不時出現這樣那樣的問題，關鍵就在於有的人用大腦在工作，他會去考慮如何用有效的方式在最短的時間內生產更多更好的產品，而有的人僅用雙手在生產。用腦工作的員工會去考慮如何用最低的成本、最少的時間把工作做得更好。好員工會把主觀能動性充分融入到工作中去。

八、任勞任怨

將「那不是我分內的工作」這句話從你的字典中刪掉。當老闆要你接手一份額外工作時，請把它視作一種讚賞。這可能僅僅是一個小小的考驗，看看你是否能承擔更多的責任。那些不願做額外工作的雇員，事業將會停滯不前甚至被那些任勞任怨、熱情而勤奮的同事淘汰。千萬不要對你的老闆說：「不，我沒時間。」那聽起來就像你不願服從他，你應用「我真的很想做這項工作，但是你想讓我先完成哪一項工作呢？」來回答。

九、勤奮好學

當一個員工工作勤奮刻苦、心無旁騖時，他才會真正鑽到工作中去，才能把工作做得更出色，成功自然也會慢慢向他靠近。對於優秀員工的成長來說，學習更是十分重要。在勤奮和好學的基礎上，員工也自然而然會在實際工作中產生新思路、

新做法，這樣的員工才稱得上是優秀的員工。

這就是老闆所期望的，正直、敬業、有思想，能幫助老闆分擔責任和壓力，這樣的員工老闆最欣賞。

同時，我們要避免成為老闆不喜歡的兩種人。

一、腳踏兩條船的人

每個老闆都不會喜歡自己的員工腳踏兩條船，不少公司都定下了不准員工兼職的規定，明知故犯的員工等於是在向權力挑戰，被老闆發現後必然沒有好結果。老闆甚至會認為兼職員工在利用公司的辦公時間做自己的兼職。老闆認為兼職會損害公司利益。雖然有些人可能認為身兼數職的人有能力，但對於老闆來說，這是不忠實的表現。這樣的員工他決不會重用。因為這樣的人會影響其他員工的士氣。

二、公私不分的人

如果在上班時間處理私人事務，老闆會感覺這人不夠忠誠，尤其在公司更是如此。公司是講求效益的地方，任何投入都必須緊緊圍繞著產出來進行。上班時處理私人事務，無疑是在浪費公司的資源和時間。

付出終會有收穫

許多員工在工作中不主動付出更多的努力，這在短期看來似乎是並沒有什麼大的損害，但事實上這種舉動意味著你失去了在未來爭取更多成功的機會。

如果我們發現自己的老闆並不是一個睿智的人，並沒有注意到我們所付出的努力，也沒有給予相應的回報，那麼也不要懊喪，我們可以換一個角度來思考：現在的努力並不是為了現在的回報，而是為了未來。我們投身於商業是為了自己，是在為了自己而工作。人生並不是只有現在，而且還有更長遠的未來。固然，薪水要努力多賺些，但那只是個短期的小問題，最重要的是獲得不斷晉升的機會，為未來獲得更多的收入奠定基礎。更何況生存問題需要藉由發展來解決，眼光只盯著溫飽，得到的永遠只有溫飽。

手工業時代，一些優秀的年輕人為了學一門手藝常常拜師學藝多年，卻無法拿到一分錢的工資，但他們毫無怨言，而現在的年輕人在學本事的同時還可以拿工資，卻抱怨不已。究其原因在於兩者對於薪水看法不同。在手工業時代的年輕人看來，能有一個好的學習技能和知識的機會是十分難得的，他們一切努力和付出都是為了未來能開辦自己的工作室和店鋪。而現代年輕人則更注重現實利益，賺錢的目的是為了消費和享受。

時代變了，注重現實利益本身並沒有錯。問題在於現在的年輕人較為短視，忽略了個人能力的培養，他們在現實利益和未來價值之間沒有找到一個平衡點。

可能我們的薪水很微薄，但是，我們應該意識到，老闆交付給的任務能鍛鍊我的意志，上司分配給我們的工作能發展我們的才能，與同事的合作能培養我們的人格，與客戶的交流能訓練我們的品性。企業是我們生活的另一所學校，工作能夠豐富我們的思想，增進我們的智慧。

比如「鐵血宰相」俾斯麥，俾斯麥在德國駐俄外交部工作時，薪水也很低，但是他卻從來沒有因為自己的薪資低而放棄努力。在那裡他學到了很多外交技巧，也鍛鍊了自身決策能力，這些對他後來的政治活動影響很大。

許多商界名人開始工作時收入都不高，但是他們從來沒有將眼光局限於此，而是始終不渝地努力工作。在他們看來，缺少的不是金錢，而是能力、經驗和機會。最後當他們功成名就之時，又如何衡量他們的收入是多少呢？

在你工作時，要時刻告誡自己：我要為自己的現在和將來而努力。無論你的薪水收入是多還是少，都要清楚地意識到那只是你從工作中獲得的一小部分。不要太過考慮你的薪資，而應該用更多的時間去接受新的知識，培養自己的能力，展現自己的才華，因為這些東西才是真正的無價之寶。在你未來的資產中，它們的價值遠遠超過了現在所累積的貨幣資產。當你從一個新手、一個無知的員工成長為一個熟練的、高效的管理者時，你實際上已經大有收穫了。你可以在其他公司甚至自己獨立創業時，充分發揮這些才能，而獲得更高的報酬。

也許你的老闆可以控制你的薪水，可是他卻無法遮住你的眼睛，捂上你的耳朵，阻止你去思考，去學習。換句話說，他無法阻止你為將來所做的努力，也無法剝奪你因此而得到的回報。

許多員工總是在為自己的懶惰和無知尋找理由。有的說老闆對他們的能力和成果視而不見，有的會說老闆太吝嗇，付出再多也得不到相應的回報……沒有任何人一開始工作就能發揮全部潛能，就可以出色地完成每一項任務，同樣，也很少有人一開始就能拿到很高的薪資。因此，當你在付出自己的努力時，一定要學會耐心等待，等待他人的信任和賞識，你才能得到重用，才能向更高的目標前進。

如果在工作中受到挫折，如果你認為自己的薪水太低，如果你發現一個沒有你能幹的人成為你的上司，也不要氣餒，因為誰都搶不走你擁有的無形資產——你的技能，你的經驗，你的決心和信心，而這一切最終都會給你回報。

不要對自己說：「既然老闆給的少，我就做得少，沒必要費心地去完成每一個任務。」也不要因為自己賺的錢少，就安慰自己說：「算了，我技不如人，能拿到這些薪水也該滿足了。」消極的思想會讓你看不見自己的潛力，會讓你失去前進的動力和信心，會讓你放棄很多寶貴的機會，使你與成功失之交臂。

也許我們無法命令老闆做什麼，但是我們卻可以讓自己按照最佳的方式行事；也許老闆不是很有風度，但是我們應該要求自己做事要有原則。你不應該因為老闆的缺點而不努力工作，而埋沒了自己的才華，毀了自己的未來。總之，不論你的老闆有多吝嗇多苛刻，你都不能以此為由放棄努力。

試比較兩個具有相同背景的年輕人。一個熱情主動、積極進取，對自己的工作總是精益求精，總是為公司的利益著想，而另一個總喜歡投機取巧，總嫌自己的薪水太低，總把自己的利益放在第一位。如果你是老闆，你會僱用誰，或者說你會給誰更多的發展和晉升的機會呢？

世界上大多數人都在為薪水而工作，如果你能不為薪水而工作，你就超越了芸芸眾生，也就邁出了成功的第一步。

消除依賴心理，勇於獨立面對困難

在工作中，每位員工都應該消除「依賴」心理。要有信心獨自面對困難，努力完成自己的工作，這樣，你才能得到同事的認可和老闆的讚揚。如果你不能有效地消除對別人的依賴心理，你在前進的道路上必然會充滿障礙。

在工作中，每個員工都會或多或少地遇到困難，這時，他們渴望得到別人的幫助和支援。而有一些員工由於不能很好地把握其中的分寸，在工作中形成了一種「依賴心理」，這類員工無視困難的大小，一味依託於別人的幫助和支持。如果別人能滿足自己，心理作用就會加強，工作中的積極性會高一些；如果得不到滿足，就頹廢不振。

在職場，一個習慣於在監督、訓誡以及對他人的依賴中工作的員工，缺乏積極主動的精神，他們不會獨立自主地完成工作，這也是缺乏責任心的具體展現。而優秀的員工大多能以獨立自主的姿態接受任務、完成任務，更善於在具體的工作中做好自我管理。

在工作中，每位員工都應該消除「依賴」心理。要有信心獨自面對困難。努力完成自己的工作，這樣，你才能得到同事的認可和老闆的表揚。如果你不能有效地消除對別人的依賴心理，你在前進的道路上必然會充滿障礙。

傑克．法里斯是美國獨立企業聯盟主席，在他十三歲時，他開始在父母的加油站裡工作。加油站裡有三個加油泵、兩條修車地溝和一間打蠟房。法里斯想學修車。但他父親讓他在前臺接待顧客。

當有汽車開進來時，法里斯必須在車子停穩前就站在車門前，然後去檢查油量、蓄電池、輸送帶、橡膠管和水箱。法里斯注意到，如果他幹得好的話，那些顧客大多會成為回頭客。於是，法里斯總是順便幫助顧客去擦車身、擋風玻璃和車燈上的汙垢。

有段時間，有一位老太太每週都會開著她的車來清洗和打蠟。她的車內地板的凹陷極深，很難打掃。而且，這位老太太要求很苛刻。每次法里斯幫她修理好車子後，她都要仔細檢查一遍，並且每次都讓法里斯重新打掃。

有一次，法里斯實在忍受不了了，他不願意再為那位老太太服務。他用企求的目光望著父親，希望父親能過來幫助。而父親不僅沒有幫他，還告誡他說：「孩子，努力，獨立完成工作！不管顧客說什麼或做什麼，你都要記住你的工作。」

父親的話讓法里斯深受震撼，法里斯說：「正是加油站的工作使我學到了嚴格的職業道德和獨立完成工作的精神。這些東西在我以後的人生經歷中起到了非常重要的作用。」

法里斯的故事告訴員工這樣一個道理：無論什麼時候都要記住自己的職責，要獨立地完成工作，不要依賴於他人。在工作中，一個員工如果養成「依賴」心理。就會失去自身的光彩，並且，如果總是依賴別人，你就等於是將部分的自己交付給別人，並受到別人的支配；如果你總是依賴別人，就會喪失主動進取的精神。使自己陷入被動的境地；如果你一味地尋求「支援」與「幫助」，還會危及自己的進步與成功……這就是「依賴」心理所造成的負面影響。

每位員工都要摒棄「依賴」心理，養成獨立完成工作的習慣。要知道，既然你選擇了這個職業，選擇了這個職位，就必須接受它的全部，必須獨立地完成它，而不僅僅只享受它給你帶來的益處和快樂。哪怕它前面有高峰和深谷，哪怕它前面有冰川和火海，哪怕有著屈辱和責罵，那也是這個工作的一部分．需要你自己去體會！

如果你是一個習慣於依賴別人的人，那麼，從現在開始，擺脫那種錯誤的思維，端正態度，然後面對自己的內心，大聲而堅定地告訴自己：我是一個完整的人，我要努力地獨立完成工作。

對工作你是否竭盡全力？

我們常常喜歡從外在環境來為自己尋找理由和藉口，不是抱怨職位、待遇、工作的環境，就是抱怨同事或老闆，而很少問問自己：我真的努力了嗎？我真的對得起這份工作嗎？對真正努力工作的人，工作會給予他意想不到的獎賞。

不管是你的工作與你的預期有多麼大的差距，或者是你的工作有多麼的無聊、單調和乏味，我們能做的只能是努力工作。這一點對於剛走向社會的年輕人尤為重要。如果的確是沒什麼意義的工作，儘管無聊，也不可一味抱怨，請想些把工作變得更有趣的方法。一件工作是否無聊或有趣，是由你怎麼想、怎麼去完成而決定的。

對工作永遠保持樂觀的態度，這也是每個人應具有的人生態度。著名主持人弗蘭克先生的經歷能給我們許多有益的啟示。

弗蘭克原本是電視臺的記者，十多年過去了，一直沒有飛黃騰達的機會，職位和薪水也不是很理想。弗蘭克自己覺得，儘管努力工作了，但公司卻總是給予他最低的評價。生氣的弗蘭克經過一番考慮後，很想提出辭呈一走了之。在作出最後決

定之前，他向一個朋友徵求意見。

一個朋友告訴他說：「造成現在這種情況，你思考過是什麼原因嗎？你嘗試過去了解你的工作、喜愛你的工作嗎？你是否真正努力工作過？如果僅僅是因為對現在的工作或職位、薪水感到不滿而辭去工作，你也不會有更好的選擇。稍微忍耐一點，轉變你的工作態度，試著從現在的工作中找到價值和樂趣，也許你會有意外的發現和收穫。當你真正努力過了，到那時候再考慮辭職也不晚。」

弗蘭克聽從了朋友的建議，他重新審視了他過去的工作經歷，並試著多一些樂觀的想法，於是找到了以前絕對無法體會的「樂趣」，了解到他的工作性質是可以認識很多人，也能交到很多的朋友的。自那之後，弗蘭克廣交朋友，於是不知不覺中，對公司的不平、不滿的情緒消失了。不僅如此，數年後弗蘭克在公司內得到的評價是「擅長建立人際關係的弗蘭克」。

很快，弗蘭克不但獲得了晉升，他本人也成為了美國著名的節目主持人。

我們常常喜歡從外在環境為自己尋找理由和藉口，不是抱怨職位、待遇、工作的環境，就是抱怨同事、上司或老闆，而很少問問自己：對工作我是否真正努力了？我真的對得起這份工作嗎？要知道，抱怨的越多，失去的也越多，藉口只會讓你一事無成。

琳達大學畢業後，進入了嚮往已久的報社當記者。雖然說是記者，卻沒有被指派去擔任採訪等工作，而是每天做一些整理別人的採訪錄音帶之類的小事情。

做這樣無聊的工作是她以前所沒有料到的，而日益不滿的她，甚至萌生出辭職的念頭。她的父親對他說：「你是幸運的，你正在接近你最喜歡的工作。如果你覺得現在的工作無聊的話，那只是你的藉口，說明你並沒有努力工作。你可以試著學習如何快速聽寫錄音帶，試著成為快速記錄的高手。將來一定會派上用場的。因為聽寫一個小時的錄音帶，往往要耗掉三至五倍的時間，但如果精通速記的話，就只要花費和錄音帶相同的時間就可以完成了，不但合理也省時。」

於是，琳達每個週末都去文化學院學習速記。她精通了速記後，變得能夠自如地進行錄音帶的速記工作。六年以後，她以「錄音帶速記高手」的身分聞名各界，因其速記的「更快速、更便宜、更正確」，即使在經濟不景氣的時候，工作也從沒間斷過。

對真正努力工作的人，工作會給予他意想不到的獎賞。請員工們切記這一句話，當你工作懈怠時，對老闆不滿時，你不妨捫心自問：我是否真正努力過了？

挖掘自身潛力，擴大你的工作業績

每個人身上，都蘊藏著巨大的潛在能力，一旦挖掘出來，力量就會無窮，工作效率會有明顯的提高，優秀的員工，會不斷發現自己的潛力，使工作向意想不到的方向發展。潛力是一種高效的能量，足可以使平平的業績，煥發出鮮豔的光彩。潛力好似一座休眠火山，平時看來，與「常」山無異，一旦爆發起來，氣焰沖天，岩漿奔湧，熱浪襲來，使人震驚無比。

首先，人的自身生理，就存在著巨大的潛力，明顯區別於「常態」，曾有一個力量一般的人，被人催眠後，由別人將他的頭和腳放在兩把椅子的邊上，其他人往上壓。奇蹟出現了，他的身子居然能支撐起六個人或者更多的人。如果在他身上放上一塊大的木板，他的身體居然能支撐起一匹馬來，把周圍輔助實驗的人看得瞠目結舌。其實每個人都有這種潛力，只是在平時，都隱藏著，一旦被激發出來，會讓許多人吃驚萬分。

還有許多這樣的事例，一些被認為根本無法坐起來，身體孱弱無比的重症患者，在發現了火災或其他大災難或者一些緊急情況時，往往能做成一些「壯舉」，這些事是一些身體極其健壯的人，在一般情況下也難以企及的事情。這些事實證明，我們每個人都擁有巨大的未曾使用過的力量。

除了生理上的巨大潛能，人的意識裡，同樣潛伏著足以成就大業的能力，但是在許多時候，只有一小部分能力被使用著。這種偉大的內在力量將一直處於酣睡狀態，除非因為一些大的刺激或緊急情況下才會爆發出來，或者是面臨一些使他身處絕境的生命危機，而使他不得不呼喚這種內在力量時，才會爆發出來。

一個公司小職員，平時業績平平，在老闆眼中也沒有什麼特別的。可是透過一件事，老闆開始對他倍加關注。一次公司為每位職員布置了一項任務，並且要求短期內必須完成。眼看完成之期日益迫近，許多員工都心急如焚，可業績平平的員工卻滿懷信心，盡力發揮了平時看不出來的能力，廣開門路，將任務完成得異常出

色，讓其他人不得不服。所以說，即使看似平庸的員工，在關鍵時刻也會發揮出與已往不同的能力。後來這位員工升任了部門主管，不能不說是他的潛能幫助了他，讓他的職場生涯平添了許多色彩。對於仍在工作中毫無起色的員工，這無疑是一個提醒，你身上有許多潛能，有待開發，發揮出來，你的明天與今天就會有明顯的不同，到那時，你就會充分體會到贏得工作，創造更多價值的喜悅，你的工作隨之會翻開嶄新的一頁。

當你在職場中突擊，感到身心疲憊的時候，不妨放緩腳步，給自己沏上一杯清爽的茶，細細品茗一番。安靜地坐下來，給心靈放一次假，認真全面地將自己觀察和衡量一下，看看你身上，究竟還有什麼東西可以挖掘出來。如果你對現狀不太滿意，那就需要努力找出問題的癥結所在。找出那些阻礙你制約你前進的因素，留一點閒暇寧靜來審視一下自己的內心。並對自己說：「我可以跟別人一樣創造不凡的業績，也有能力完美地實現自己的價值。」

沒有誰會比你自己更了解你自己，而做這些也不用任何交代，你就是最優秀的員工，你就是老闆的得力助手。最後當你再次投身工作時，會驚喜地發現：只要用心挖掘，原來你的身上潛力無限。

第六章　有一流的責任感，才有一流的職業化

員工要有自我犧牲的精神

自我犧牲是工作中極可貴的品格。這類員工一切以工作為主，常把更多的時間用在工作上，卻從不抱怨自己付出的太多。

事實上，要想把工作做得更好些，就要保證更多的工作時間，有一些「犧牲」精神。當一項工作需要快速完成時，你只顧自己利益，不為老闆解「燃眉之急」，對工作時間斤斤計較，唯恐損害到自身的利益。那麼，時間久了，老闆就會對你失去了最基本的信任，今後對你自然心存芥蒂，不會對你予以重任，發展步伐順理成章地變緩慢了。如果你能做到關鍵時刻想老闆之所想，急老闆之所急，主動請願，犧牲自己的時間，鼎力相助，事後老闆也就會對你刮目相看，對你額外加薪也極有可能，甚至會有更多的升遷機會。

每個人心中都有一桿秤，只要你付出了努力，遲早有一天，老闆就會回報你。沒有必要為一時的奉獻而耿耿於懷，那樣雖可一時偷閒，卻會換回今後的「重重關隘」，影響工作的成效，阻礙職位的晉升，孰輕孰重，自己定度。

前英國首相威廉·格萊斯頓（William Gladstone）曾說：「相信我的話吧，把更多的時間用在工作上，那麼你在以後的歲月中將得到豐厚的回報，這種回報遠比你最樂觀的夢想還要令你驚喜；如果你浪費時間的話，那麼你的智慧和道德水準也將以同樣的方式被消耗掉，這種消耗遠比你最悲觀的估計還要令你沮喪。」這種一喜一悲，緣由都因「時間」而起，自我犧牲，確保更多的工作時間，為你的成功助一臂之力。你犧牲掉了自己的時間，可以換回更多輝煌的成果，對以後的工作會更加充滿熱情，成為不竭的動力。

故事發生在費城的一個造幣廠。處理金粉工廠的地板上，有一個木製的格子。每次清掃地板時，這個格子就派上了用場，用來收集散落在地上的微小的金粉。別小看這件事，日積月累下來；每年可以節省下來成千上萬美元。現實中，每一個成功者都隨時備有這樣的一個「格子」，將零碎的時間，常常被人疏忽擱置的點滴時間，收集利用起來。在公司中，每個員工是否也需要這樣一個「格子」，確保更多的工作時間。雖然有時可能影響了休息，但是他卻會帶給你另一種意義上的滿足。

林肯一邊從事勘測土地的工作，一邊還要利用每一點閒時間，孜孜不倦地學習他所鍾愛的法律。同時在他照管他的小雜貨店的同時，還博覽群書，累積了廣博

的知識，為他今後的總統生涯儲備了許多知識。蘇格蘭科學作家瑪麗．薩默維爾（Mary Somerville）在鄰居們沉醉於聲色犬馬的娛樂和喋喋不休的家長裡短時，卻在一旁默默發奮學習植物學和天文學，著書立說。在她八十歲高齡時，還出版了專著《分子和微觀科學》（Molecular and Microscopic Science），精神可嘉，值得學習。

生活中，很多沒有用來工作的時間有時不是被用在有意義的事情上了，而是被白白浪費掉了。而我們浪費時間的最大害處並不在於被浪費掉的時間本身，更具有危害性的在於被浪費的精力。無所事事和懶惰閒散足以麻木我們的神經。這種惰性一直維持下去，後果不堪設想。奮發工作，惜時如金的員工卻使得他的精神狀態出奇地好，朝氣蓬勃，精力充沛。那些慣於走在時間後面的人也慣于走在成功的後面，而時時走在時間前面的人常常會走在成功之前。他們沒有將「犧牲」看作真正的「犧牲」，他們認為這更像是一種沒有風險但利潤豐厚的「投資」。

英國詩人約翰．惠蒂埃（John Whittier）充滿睿智的言語，極有激情和穿透力。他說：「就在今天，我們書寫命運的畫卷，編織生命之網；就在今天，我們的所作所為決定了日後是光明前程還是罪孽一生。」

當你能重新看待自我犧牲之後，你的心境就會大有改觀，眼前的枯燥辛勞，在流過了許多汗水後，會異樣地醇美甘甜起來。

越過我們這些凡夫俗子，可以看到：那些功成名就，位高權重的偉人名士，他們絕大多數都是孜孜不倦，勤勤懇懇地把更多的時間用在工作上的，他們充分利用了零散的光陰，或是學習，或是工作，不斷進行自我提升。以至於他們能夠達到前所未有的高度，在平庸的人群中站立起來。其實在光環之下，他們所做的一切，也許正如你我所做的簡單工作一樣平凡。關鍵之處就是你我能不能潛心於他們的那種堅持，那種將「犧牲」當成必需，將時間視為生命的精神。

身為一名公司員工，你有沒有抱怨自己付出的太多，而不被老闆所賞識或獎勵？如果你開始抱怨了，你就應該靜靜考慮一下學有所成的成功者的例子。也許你再堅持一下，離成功就不遠了，否則從前的努力都付之東流，前功盡棄。有那麼多優秀的人，在背後注視著我們，激勵著我們，期望著我們也有他們那樣的成就。如果你有這種想法，那就要一步步去實施了，自我犧牲，確保更多工作時間就是你通

向成功的第一要義。那種太計較自我的小得小失，對時間麻木漠視、漫不經心是你工作走向更遠地方的絆腳石。如果你想成為更加優秀的員工，那麼請你從現在開始，堅決剔除以上的壞習慣，不要讓他在體內殘留，成為一種無法根治的頑疾，侵噬你健康的肌體。

自我犧牲，其中有一層辨證關係，即「小捨小得，大捨大得」，也許你只是「犧牲」了餘暇，你卻可以為工作贏得更多寶貴時間，最終獲取別人無法望其項背的成績，在職場中取得傲人的戰績，從而無往而不勝。這時，你的工作經歷，才會有更多的光彩奪目之處，在黯淡中，才會閃耀出耀眼的光芒。自我犧牲，確保更多工作時間是一雙撥雲見日的神奇之手。

如果一個員工具備這種自我犧牲的精神，能把更多的時間用在工作上，那麼他離成功的大門便不遠了。

必要時，幫助老闆理清頭緒

作決策是老闆的事，員工是否也要作決策呢？

現實中，有些公司的老闆，不會對決策問題進行分析，抓不住決策的主要矛盾，往往出現眉毛鬍子一把抓，或者將非主要矛盾當做主要矛盾來處理的情況。這樣，不僅耗費了大量的人財物力，更主要的是不能及時解決公司工作中遇到的急需解決的問題，對公司生產經營造成不利影響。

身為員工，為了替老闆分擔憂愁，在其決策不明時，應該主動為他理清頭緒，這是相當必要的。

如何在老闆決策時替他分擔憂愁呢？員工必須對公司在一定時期面臨的各種問題進行分析：

（1）結合公司在某一時期的生產經營活動狀況，研究確定公司面臨的各種問題；

（2）對各種問題進行分類排隊，透過比較找出對公司生產經營影響最大的最主

要的問題；

（3）根據主要問題，研究制定對策。這是確定決策問題的一般過程。由於公司的生產經營活動是連續不斷地進行的，在這一過程中會不斷出現新問題。因此，原先確定的決策問題隨著時間及其他條件的變化有可能被其他新問題所取代，而降至次要矛盾地位，其他新問題上升為主要矛盾。充分意識到這一點，對員工幫助老闆理清頭緒來講是非常重要的。

事實上，決策本身既是一件硬性工作，也是一件彈性工作。對於老闆來說，不能固執行事，應該採取靈活的方法，控制好決策的過程，該先就先，該後就後，做點彈性處理也是公司老闆的智慧所在。

但對於員工來說，你要想在決策上幫助老闆，就一定要能對事情拿定主意，只有這樣，你才能讓老闆深信你的決策比他的高明，他才會採納。所謂拿定主意，就是作出能給公司帶來效益的決定。一名好的員工必須要發揮自己的思考能力，及時拿定主意，對老闆的決策產生很大的幫助作用，讓公司的業務蒸蒸日上，否則就會錯失良機，得不到重視。

既然幫助老闆正確決策對身為公司員工的你是如此重要，那麼，掌握正確決策的技巧對你而言可謂迫在眉睫！

如何才能拿定主意呢？你必須掌握下面三大技法：

（1）要有決斷的能力

（2）要學會安排工作的先後順序

（3）要學會制定計畫和提建議的技巧

總而言之，要替老闆理清頭緒進行決策參考必須能回答如下五個特殊的問題：

（1）為什麼這項工作必須得做？

（2）什麼事情必須得做？

（3）誰來做？

（4）在什麼時候、在什麼地方去做？

（5）將如何去完成這項工作？

當你掌握了以上三種技巧的時候，你就具備了及時拿定主意的能力，這樣，當

老闆決策不明時，你替他理清頭緒就不在話下了。

多掌握資訊，給老闆有益的建議

對於一家企業或公司，任何一個階段都離不開資訊。有句話說：「處處留心皆學問」，而對於一個公司，處處留心皆資訊。

人們通常把思維敏捷、智多識廣的人叫做「聰明人」。一個聰明的員工，他的頭腦靈，反應快，主意多，所以他有迅速而又正確地理解的能力。但是「聰明」這個詞本來的含義卻是指「耳聰目明」，「聰」是指耳朵聽得清，「明」是指眼睛看得見。雖然「聰明」現在幾乎已經轉義成了「智慧」的代名詞，但它之所以能作這樣的轉義，說明聰明的根源在於識多見廣，即一個聰明的員工在於耳朵聽到的資訊多，眼睛見到的資訊多。閉目塞聽的人，由於他的大腦接受不了新資訊，他就不可能是個聰明的人，也不可能進行正確的預測和決策。這是因為，資訊是預測和決策的「原始材料」。無論是問題的提出、分析、預測和方案的擬定、評價和選擇，都是以有關資訊為依據，預測和決策中的任何一個階段都離不開資訊。

在社會發展到如此複雜而且多變的今天，資訊量已經爆炸性地劇增，資訊對於預測和決策的意義就更加顯得重要。今天的員工所面臨的問題往往十分複雜，牽涉的因素很多，需要大量的資訊才能做出正確的分析與判斷，只有這樣才能給老闆當好軍師。

現今是一個資訊的時代，資訊量呈爆炸性地增長，因此，身為員工如何在紛紛繁繁的各種喧囂聲中尋找到你所需要的資訊，是每個員工必須解決的問題。今天所缺的不是資訊，而是缺少慧眼識真金的人才。身為員工的你只要做個有心人，時刻注意聽、看、讀、問，電視、電臺、書報和旁人那裡，就有資訊的金礦等待你去發掘，在必要的時候再做有重點、有目標的搜索就行。

毫無疑問，身為員工，必須有自己的資料庫，隨時準備拿出來向老闆交代，做好軍師的作用。現代資料來源十分豐富多樣，正確選擇利用資訊無疑是做好員工的一項基本功。學會選擇利用資訊更是做好生產或從事經營的一個基本。包括自然界、社會在內的大量資料來源中，要選擇與自己相關的經濟資訊；其中，更要集中

注意力選取市場資訊，因為它與工作息息相關，用途非常廣。這就要求做到：摸得準、吃得透、來得快！

一、**歸類整理**

就是把自己搜集到的各類資訊，分一下類別。然後按類別分辨真假。剔除那些明顯虛假的資訊；把你認為是正確的或大部分正確的資訊留下來；然後再分優劣、好壞。對那些進行後只有好處、沒有壞處的專案作為應該優先辦理的；對那些進行後既有利益、又有風險的專案，進行一番分析比較，看是利益大還是風險大；對那些風險太高、收益又沒把握的專案，歸為最差、無價值一類。把類別分清了，真假、好壞、優劣的差別自然也就出來了。

二、**分析比較**

在了解到各種行情後，往往會出現這種情況，就是大家都認為是只有好處、效益又高的經營專案，反而難辦或難以辦成。因為大家看的都是有利的條件，沒看到不利的地方，都在往這個經營專案上擠。而一擠，就可能使形勢產生變化，有利條件有可能變成不利因素，增加了困難。真正有潛力能發展的是那些既有前途又有風險、既有效益又把握不準因素的專案。為了選擇好專案，就得對資訊和行情進行全面分析、綜合比較。辦法是把經營專案中關於好處、壞處、效益、風險的資訊，都一條一條列舉出來，然後逐條對比，看好處占主要方面，還是壞處占主要成分，最後得以得出結論。

三、投入試驗

如果你認為某個專案不錯，但在經濟綜合分析對比後，仍沒有確切把握，未能把最真實、最有效的專案選出來，還無法下決心一展身手，還有一個辦法，就是先作小型試驗，先拿出投資，進行小範圍、小規模生產經營，依據結果再下決心。這樣，既摸清了行情，又獲取了經驗，為大範圍經營打下基礎。

四、準確預測

俗話說：「生意要有三隻眼，看天看地看久遠。」任何行情資訊，都不是靜止不動、固定不變的。而是經常隨著客觀情況變化而波動。只有站高一點、看遠一點，

預先有所準備和打算，才不至於趕馬後炮。現在，不少公司生產經營是看別人做什麼，聽說流行什麼就也去做什麼。結果往往是在進行以前很搶手，但等到費錢、費工、費時做成了，市場行情也開始變化，原來的時興變成了過時，搶手貨變成了賠錢貨，成為麻煩事情。怎樣才能解決這個問題呢？最好的辦法是提前時間，評估形勢，把可能發生的變化，預先加以測算，加以準備。也就是預測、預報、預算。

將職業當作自己的事業來做

工作是屬於自己的一份事業。我們工作並不是單純地為了一日三餐的生活保障，我們既是在為自己的現在工作，也是在為自己的未來工作。每個人都要樹立成為老闆或是擁有自己的公司的職業目標。因為有了職業目標，才會有前進的動力；有成功者的心態，才有可能成為成功者。

優秀的員工之所以比一般的員工擁有更持久的工作動力和工作熱情，也比一般的員工更容易走向成功，其關鍵就在於他們對工作有著更深層次的認識。他們在工作中始終保持著一顆事業心，把職業當成事業是他們優秀的潛在原因。如果你覺得自己還不夠優秀或者你想讓自己變得更加優秀，那麼，請帶著事業心去工作

有一個小和尚在一座名剎擔任撞鐘之職。他自認為早晚各撞一次鐘，簡單重複，誰都能做，並且鐘聲只是寺院的作息時間，沒什麼大的意義。就這樣，抱著「做一天和尚撞一天鐘」的心態無聊至極地敲了半年鐘。

有一天，方丈宣布調他到後院劈柴挑水，原因是他不能勝任撞鐘之職。小和尚聽了很不服氣，就問老方丈：我撞的鐘難道不準時，不響亮嗎？

方丈告訴他：你撞的鐘很響亮也很準時，但是鐘聲空泛、疲軟，沒什麼分量。鐘聲不僅僅是寺裡作息的準繩，更為重要的是要喚醒沉迷的眾生。為此，鐘聲不僅要洪亮，還應圓潤、渾厚、深沉、悠遠。心中無鐘，即是無佛；不虔誠，不敬業，怎麼能擔當神聖的撞鐘工作呢？

對於工作，人們的認知通常有不同的層次，如果一個人只是將工作視為繁瑣事件的集合體，那麼他對於整個社會都是失職的，他就不會將眼前的普通工作與自己的人生意義聯繫起來，就會有對工作失去崇敬之心。而如果一個人以一種尊敬、虔

誠的心態對待工作，把自己的工作當成自己喜歡並樂在其中的使命來做，就能極大地調動自己的積極性，發掘出自己特有的能力，即使是辛勞枯燥的工作，也能從中感受到價值。那麼他就已經具備敬業精神，這也是每一個平凡的個體都應該具備的。

一個人只有以一種尊敬、虔誠的心靈對待職業，甚至對職業有一種敬畏的態度，他才具有敬業精神。但是，他的敬畏心態如果沒有上升到敬業這個冥冥之中的神聖境界，沒有上升到視自己的職業為天職的高度，那麼他的敬業精神就還不徹底，還沒有掌握其精髓。

我們必須明白，工作是我們生而被賦予的權利，是每個人的使命，是人與生俱來的一種責任，是我們天然的義務，是我們本來就應該做的事情。

處處維護公司的利益

身為一名員工，首先應該有一個「公司屬於自己」的心態。無論在任何情況下，必須把維護公司利益當作首要任務。無論做任何事情，首先考慮的是該事對公司來講有無好處，有無壞處。

公司利益是實現個人利益的基礎，公司利益與個人利益並不矛盾，公司利益與員工利益緊密相連、相輔相成。公司利益最為關鍵，公司能否持續發展，直接關係到員工利益能否實現，只有公司的利益得到了保障，個人利益才有可能得到相應的保障。只有公司盈利了，我們員工的薪資，福利待遇也才能隨之提高。從這個角度來講，維護公司利益就是維護員工的自身利益。

曉娟和麗娜是同一期被招進公司的員工。客觀來說，她們工作同樣努力，能力上也沒有非常大的差距。

在工作幾個月之後，老闆想從這兩名新員工中提拔一人做助理，就特意叫來部門經理詢問：「她倆在我們這裡都工作了好幾個月了，談談她們的表現，我想知道誰更適合來做我的助理。」

經理思考了一會兒說道：「從能力上來講，她倆差距不大，工作熱情也都很充沛，但要從別的方面來說……」經理遲疑了一下，「我不知道我要說的算不算得上是一個標準。」

老闆說：「沒事，你說說看。」

「曉娟各方面大都表現不錯，但她似乎從來不知道愛惜公司的東西。」

「是嗎？你具體說一說！」老闆對此很感興趣。

「我觀察過她們，每到下班時，辦公室的燈、窗戶都是麗娜關的，而如果出現忘記關燈、關窗戶的情況，通常是曉娟最後走的緣故。」

「還有別的嗎？」

「有，麗娜總是把公司用過的廢紙釘成本子來用，在我們這麼大的公司裡如此節儉，我怕客戶會笑話，還唸過她。總體來說，這兩個人嘛，差距不大！」經理說。

「錯了，她們的差距很大啊，」老闆斬釘截鐵地說道，「你說的這些已經足夠了，讓麗娜來吧，我看助理這個職務非她莫屬。」

「老闆，您單憑這些資訊就拍板定案了嗎？需不需要再考核一下？」經理問道。

「不必了，考核一個人不必一定要經歷驚濤駭浪，她能在這些工作細節上這麼有心，這麼認真，說明她心裡有公司，說明她能處處做到維護公司的利益，我相信她能勝任新職務。」

由此可見，維護公司利益已經成為現代企業判斷和衡量員工的基本準則。一名員工可能能力出眾，但再有能力的員工，不以公司利益為重仍然不能算是一名合格的員工。

「維護公司利益」從細處講就是：要求員工盡職盡責，熱愛本職工作，對客戶負責，有強烈的責任感，能充分承擔本職工作的經濟責任、社會責任和道德責任，不做任何與履行職責相悖的事，不做那些有損於企業形象和企業信譽的事，更不做違背公司利益的事。

從某種程度上來說，不能維護公司利益的員工是相當可怕的，尤其是那些身居要職而又居心不良的「精明能幹者」。這種人參與公司的決策、了解公司的祕密，他們的某些行為甚至可能直接影響到公司的生存和發展。因此，一個公司所器重、所信賴的員工，往往都是那些維護公司利益的人。

如果你能把公司當成自己的家一樣看待，老闆將會怎樣看待你呢？顯然，你在這個「家」一定會受到重視和重用的。因為在現實中，企業最看重的就是把公司的事

情當成自己的事情、處處維護公司利益的人，這樣的職員任何時候都敢做敢當，能夠替自己公司著想，能夠與企業同甘共苦。

將主人翁精神落實到具體行動上

約翰在一家公司工作好幾年了。每天早上吃過早飯，約翰都會精神十足地開車去公司上班。公司同事每天都會看到約翰神采奕奕地展開各項工作，無論多難的任務他都不退縮，無論做多少事情他都不喊累，而且他做任何一項工作都精益求精。同事們都對約翰充沛的精力感到由衷的欽佩，同時也為此感到不可思議，因為工作一天下來，大家都覺得累極了，可約翰不僅不感到累，還工作得意猶未盡。

更令同事們感到不可思議的是，約翰還常常加班，而且還主動申請做那些沒有人願意做的棘手工作。當公司出現危機時，他不像其他同事那樣急著另謀生路，而是像公司總裁一樣急著尋找化解危機的方法。

「約翰好像把公司當成自己的財產，或者他是一個天生的工作狂，否則的話，他怎麼會如此熱愛工作，如此為公司的事情大傷腦筋？」同事們都這樣說。

那麼公司老闆是如何看待約翰的呢？

讓我們聽聽在一次員工大會上，公司總裁的一段談話吧。

「公司今年的最佳員工仍然是約翰。約翰先生已經連續五年獲得此項殊榮，他的家庭應該為有他這樣的成員而感到驕傲，他的朋友也應該為有他這樣的朋友而感到自豪，所有員工也應該為有他這樣的夥伴而受到激勵，公司更為有這樣的員工而倍感榮幸。另外，公司的發展正是在像約翰一樣忠誠和優秀的廣大員工的共同努力下實現的。在此，我感謝約翰，感謝像他一樣為推動公司發展付出切實努力的員工。」

約翰在公司一步一個腳印的成長經歷得到了公司總裁對他的高度評價：他現在是公司的執行副總裁之一，而且是公司最信任的副總裁之一，而他剛進入公司的時候只不過是一個普通的銷售助理。

有人問約翰為什麼工作起來不知疲倦，為什麼願意為公司付出這麼多精力，約翰回答：「當我接受一項工作時，我實際上是在完成一項讓我有強烈成就感的使命，而且這項工作越富有挑戰性，我內心的成就感就越強。至於我為什麼願意為公司付

出那麼多的精力，我想這個問題更容易回答，因為我的事業和公司的事業是綁在一起的，我認為從某種程度上說公司就是我的合夥人，我們必須朝著同一個方向共同努力。如果我努力了、進步了，那麼公司的事業就會得到發展；同樣，公司的持續發展為我個人的進步創造了最優越的條件。所以我認為，我為公司付出多少精力都是值得的，也都是應該的。」

約翰的精彩回答印證了這樣一個道理：以主人翁的心態對待公司，才會激發自己的能量，才會讓自己貢獻全部力量，最終達到公司與個人的雙贏。

以主人翁的心態對待公司，把公司看成是自己的。這樣，在公司出現問題或是選擇發展方向的時候，你就不會置身事外，因為「公司就是你的」，這句話已經深深烙在了你的心裡，你知道公司興旺，你才會得到更多，而如果公司發展不好，你可能會失去這份工作。

小王是一家公司宣傳部的助理，剛進公司一個多月，大概了解了公司宣傳方面的工作。

一天。經理讓她去做一個市場調查，看看公司新上市的化妝品賣得怎麼樣，消費者是如何評價的。小王先來到當地最大的一間百貨公司，在化妝品專櫃，她看到自己公司的新產品，幾乎無人問津。看到這些，小王心裡很不舒服。她看見有位顧客似乎自己拿不定主意，在每個櫃檯前都看一會兒，在自己公司的專櫃前，小王主動詢問這位顧客需要什麼樣的化妝品，了解到顧客需要的功效，正是這批化妝品的功效，小王憑著一個多月來對這種產品的了解，向顧客詳細介紹了產品的功效，她自己也沒有想到，平時寡言的自己會有這麼多的話說。她的熱情推銷吸引了越來越多的顧客。大家都對這個新上市的化妝品充滿興趣。這天的銷售額是該產品上市以來最高的。

總經理聽百貨公司經理講了這件事，決定獎勵小王。當他問小王為什麼會勇敢地走過去，向顧客推銷新產品時，小王說：「看到公司的產品幾乎沒有人詢問，我很著急，我是公司的員工，就是公司的主人，公司的事情義不容辭。」

不久之後，小王就晉升為另一個區域的宣傳經理了。

主人翁心態能激發一個人的能量，在工作中是非常重要的。如果每一個人都有主人翁心態，把公司的事當作自己的事來做，公司會擁有強大的無形財產。

身為企業大家庭中的一員，不管你是否才華橫溢、能力出眾，只要你渴望晉升，渴望擔當大任，渴望獲得更為廣闊的發展平臺，就要以忠誠，以企業主人的態度來爭取。當你以公司主人的身分工作，將全部身心徹底融入公司的事務中，激發自己的能量，處處為公司著想，作出自己的成績，那麼你晉升是早晚的事。更重要的是，你永遠不用擔心失業，因為只有主人捨棄家，沒有哪個家會拋棄主人。

第七章　從優秀到卓越的祕密

學習讓你在競爭中獲勝

能力的競爭其實就是學習力的競爭，如果沒有良好的學習力，就相當於沒有一件克敵制勝的武器。就算是公司的三朝元老，就算是碩士、博士、海歸，如果不能應付自己的工作，不能為公司創造更大的價值，也幾乎不可能在職場中占有一席之地。可以說，學習是你在競爭中獲勝的必備武器

松下幸之助早年家境貧寒，體弱多病，而且沒有讀過多少書，只有小學四年級的教育程度，但最終卻創建了赫赫有名的松下電器公司，成為日本首富，這不能不說是一個奇蹟。

那麼，他是靠什麼取得這些成績的呢？

松下曾不止一次承認，是學習讓他從一無所有到功成名就。他知道自己知識有限，在平時的工作中，總是提醒自己多向他人學習，並且這個良好習慣貫穿了他的一生，因此，他才取得了非凡的成就。

松下一開始在一家電器商店當學徒，幫師傅做一些簡單的工作，在這家店裡幫

工的還有另外兩名學徒，他們與松下都是同時進入這家商店的。一開始，三人的能力並沒有什麼不同，大家做同樣的事，但是時間一長，三人的差別就顯現出來了。

首先有突出進步的是松下。松下從一開始就明白，自己學識淺薄，只有多學才能彌補自己的缺陷。於是，當師傅工作的時候，他就很認真地學習，同時，他很勤奮，每天都比別人晚下班，用這些時間閱讀各種電子產品的說明書；在其他兩個同事外出遊玩的時候，他卻參加了電器修理培訓班。

他花了大量的時間在學習電器知識上面，因為他決心透過不斷的學習讓自己成為這方面的行家。而在這種時候，他的兩位同事卻在嘲笑這個異想天開的小學徒，但這一切都無法阻止松下繼續學習的決心。

終於，不斷的學習使他從一個對電器一竅不通的學徒變成了一個電器方面的專家，並且還可以自己動手修理與設計電器。他透過學習改變了自己，將自己提升到了一個新的境界。由於他對新事物的接受能力非常強，他很快成為師傅的得力助手，師傅對松下的這種學習精神非常賞識，不久便將他由學徒提拔為正式員工，並且將店裡的很多事情都交給他處理。這一切都為松下後來的創業打下了基礎。而他

的那兩個同事由於缺乏學習精神，一直停留在原有的基礎上沒有長進，最後被商店解僱了。

有些人在一個工作職位上待了好多年，仍然原地踏步，毫無發展；有些人工作時間不長，卻很快得到升遷。兩者最大的差別就在於是否具有學習精神。

殼牌石油公司董事長皮雷特說：「初人職場的年輕人應該懂得，工作的最初五年是在為自己的事業打基礎，這個時候應該把重點放在如何學到更多的生存本領上。樂於學習才是成功的保障。」

奇異公司 CEO 傑克．威爾許也說：「學習能力是競爭的核心。」

當今社會人才競爭異常激烈，「鐵飯碗」已經不復存在。

市場競爭的激烈導致人才處於不斷的折舊之中，知識和人才的折舊已成時代必然。在一個競爭不太激烈的環境中，你可以為暫時的成功陶醉一年而不怕被別人超越，但在一個競爭激烈的環境中，哪怕是陶醉一分鐘都有可能被遠遠甩在後面。

職業專家指出，職業「半衰期」越來越短，任何高薪者若不學習，五年之內就會跌入低薪者的行列；任何低薪者若不學習，三年之內就會加入失業者的行列。

因此，任何在職人員都應該明白一點：唯一具有競爭力的就是學習力，不斷地學習更先進的知識和技能，才能脫穎而出，才能不被時代淘汰。

身為一名員工，應該要求自己不斷地積極進取，培養自覺學習和自我批判的能力，既要學習工作技能，更要在實踐中提高自身能力。也許你現在剛剛工作，沒有任何工作經驗，也沒有什麼工作成果；也許你已經工作多年，卻依然毫無進展，沒有取得任何引以為豪的成績；也許你頻繁地更換工作，卻始終找不到一個適合自己的舞臺；也許你已經付出了很多努力，但結果卻總是不盡如人意。其實，只要你比別人多一點學習的精神，不斷提升自己的技能，你就能累積更多的資本，從而為你未來的騰飛做好鋪墊。

如果你一直停留在原有的水準上，沒有吸收新的東西，當你原地踏步而別人不斷前進的時候，你已經落後於別人了。

因此，時刻學習就是你進步的階梯，只有時刻學習才能保持先進，走在他人的前面。

不斷為自己尋找新的挑戰

在充滿殘酷競爭、危機感日益增強的職場江湖，不斷對自己提出新的挑戰，而不是被動接受挑戰，是捷足先登、立於不敗之地的祕訣。

著名的「馬蠅效應」源於這樣一個典故：

西元一八六〇年，林肯當選為美國總統。一天，有位叫做巴恩的大銀行家到林肯的府邸拜訪，正巧看見參議員薩蒙．蔡斯（Salmon Chase）從林肯的辦公室走出來。於是，巴恩就對林肯說：「您最好不要將此人選入你的內閣。」

林肯奇怪地問：「為什麼？」

巴恩說：「因為他是個自大成性的傢伙，他甚至認為他要比您偉大得多！」

林肯笑了：「哦，除了他以外，您還知道有誰認為自己比我要偉大的？」

「不知道，」巴恩說，「不過，您為什麼這樣問？」

林肯回答：「因為我要把他們全都收入我的內閣。」

事實證明，這位銀行家的話是有道理的，蔡斯的確是個狂傲十足、極其自大，而且嫉妒心極強的傢伙。他狂熱地追求最高領導權，他本想入主白宮，不料落敗於林肯，只好退而求其次，想當國務卿。無奈，林肯卻把這個職位交給了西華德，他只好坐第三把交椅——當了林肯政府的財政部長。為此，他懷恨在心，憤怒不已。不過這個傢伙確實是個大能人，在財政預算和經濟干預方面很有一手。林肯一直非常器重他，並透過各種手段盡量避免與他產生衝突。

後來，目睹過蔡斯種種行經，並搜集了很多資料的《紐約時報》主編亨利．雷蒙特拜訪林肯的時候，特地告訴他蔡思正在上躥下跳，狂熱地謀求總統職位。林肯以他那一貫的幽默對雷蒙特說道：「亨利，你不是在農村長大的嗎？那麼你一定知道什麼是馬蠅了。有一次我和我的兄弟在肯塔基老家的一個農場犁玉米地，我吆馬，他扶犁。偏偏那匹馬很懶，老是怠工，但有一段時間牠卻在田裡跑得飛快，我們差點跟不上牠。湊近一看，我才發現，有一隻很大的馬蠅叮在牠身上，於是我就把馬蠅趕走了。我的兄弟問我為什麼要打掉牠。我告訴他，不忍心讓馬被咬。我的兄弟卻告訴我：『就是因為有了那傢伙，這匹馬才跑得那麼快。』」然後，林肯意味深長地對亨利．雷蒙特說：「如果現在有一隻叫『總統欲』的馬蠅正叮著蔡斯先生，那麼只

要牠能使蔡斯的那個部門不停地跑，我就不想去打掉牠。」

沒有馬蠅叮咬，馬慢慢騰騰，走走停停；有馬蠅叮咬，馬不敢怠慢，跑得飛快。這就是著名的馬蠅效應。

慢馬變為快馬的祕密在於馬蠅的叮咬。那麼身為身處職場的一名員工，要想成就一番事業、證明自身的價值，或者功利點講，想獲得物質上的財富，需要什麼來叮咬呢？

答案就是取勝的欲望。成功學大師卡內基說過一句話：「獲得成功的方法，是激起競爭，不是勾心鬥角的競爭，而是相互取勝的欲望。」取勝的欲望就是叮在我們身上的一隻馬蠅，它促使我們在困難面前永不妥協，在強大的對手面前永不低頭，多一點取勝的欲望，就一定會多一點成功的動力和機會。

說到這裡，可能會有人問了，如何才能激起內心的取勝欲望呢？

答案就是保持強烈的進取心，不斷挑戰，絕不安於平庸。這是那些優秀的、出類拔萃的員工們最喜愛的競技，一種自我表現的絕好機會，是激起內心求勝欲望的最好方法。

有進取心、不斷挑戰，從根本上說是為了自身的不斷進步。而這種挑戰的過程又是重塑自我的過程。這好比跳高運動員，不斷挑戰就是要把有待越過的橫桿升高一格或幾格，沒有最好，只有更好；又好比足球運動中的優秀前鋒，永遠把下一個進球當作最好的。或許他們的這種挑戰，所帶來的超越，只是多了一點兒，並不那麼明顯和突出，但正因為多了這一點兒，他們才能保持內心的那種取勝欲望，不斷走在前進的路上，不至於停滯不前。

這其中的道理同樣適用於職場人士。需要注意的是，在給自己尋找挑戰時，不能好高騖遠、不切實際，也不要認為挑戰的對象就一定是什麼宏大的目標，工作中，多克服一點小的壞習慣，多糾正一點小的工作缺陷等都可以成為挑戰的對象。

勤奮是永遠都不可缺少的職業美德

我們從小就知道勤能補拙、勤奮可以創造一切，也知道無數個有關勤勞刻苦，取得成功的故事。可是多數人並未從中受到啟發，我們依舊在工作中偷懶，依舊好

逸惡勞。人們這樣為自己開脫：現在時代已經變了，勤奮已不再是在職場中乃至商戰中成功的法寶了，我們需要享受生活並等待機會。

是的，如今這個時代的確與以前不同了，但並不像你所想像的那樣——勤奮越來越不重要了，而是恰恰相反，要想在職場中獲得成功，勤奮是必不可少的一種美德。

在人才競爭日益激烈的職場中，怎樣才能獲得成功的機會呢？是依靠對工作的抱怨、不滿、拖延和偷懶嗎？如果你始終把工作當作一種懲罰，那麼你永遠都休想獲得成功的機會，甚至你可能連目前這份你說大材小用、埋沒了你才華的工作都保不住。

要想在這個人才輩出的時代走出一條完美的職業軌跡，唯有依靠勤奮的美德——認真地對待自己的工作，在工作中不斷進取。這也是敬業精神的直接展現。

華勒是斯堪斯卡建築工程公司的執行副總，幾年前他是作為一名送水工，而被斯堪斯卡一支建築隊招聘進來的。華勒並不像其他的送水工那樣，把水桶搬進來之後就一面抱怨薪水太少，一面躲在牆角抽菸，他替每一個工人的水壺倒滿水，並在工人休息時纏著他們講解關於建築的各項工作。很快，這個勤奮好學的人引起了建築隊長的注意。兩週後，華勒當上了計時員。當上計時員的華勒依然勤勤懇懇地工作，他總是早上第一個來，晚上最後一個離開。由於他對所有的建築工作，比如打地基、壘磚、刷泥漿等非常熟悉，當建築隊的負責人不在時，工人們總喜歡問他。一次，負責人看到華勒把舊的紅色法蘭絨撕開包在日光燈上，以解決施工時沒有足夠的紅燈來照明的困難，負責人決定讓這個勤懇又能幹的年輕人作自己的助理。現在他已經成了公司的副總，但他依然十分專注於工作，從不說閒話，也從不捲入任何紛爭。他鼓勵大家學習和運用新知識，還常常擬計畫、畫草圖，向大家提出各種好的建議。只要給他時間，他可以把客戶希望他做的所有事做好。

任何一家公司、任何一個老闆，都想自己的事業能興旺發達。這樣，他就自然而然地需要一個、幾個乃至一批兢兢業業、勤勤懇懇，奮發向上的員工。

從這一點說，勤奮的員工，是老闆最倚重的員工，也是最容易成功的員工。如果員工的能力一般，勤奮可以讓員工走向更好；如果員工十分優秀，勤奮會將員工帶向更成功的領域。

王傑大學畢業後被分配到一個研究所，這個研究所的大部分人都具備碩士和博士學位，王傑感到壓力很大。

工作一段時間後，王傑發現所裡大部分人不敬業，對本職工作不認真，他們不是玩樂，就是做自己的副業，把在所裡上班當成混日子。

王傑反其道而行，他一頭栽進工作中，從早到晚埋頭刻苦工作，還經常超時加班。王傑的業務能力提高很快，不久成了所裡的頂梁柱，並逐漸受到所長的重用，時間一長，更讓所長感到失去王傑就好像失去左膀右臂。不久，王傑便被提升為副所長，老所長年事已高，所長的位置也在等著王傑。

假若老闆的周圍缺乏實幹勤奮的員工，你的勤奮自然能很快得到重視，受到重用，得到提拔。就算老闆身邊有勤奮的人，他也絕不會視你的勤奮於不見。他會把你納入他身邊的重要人士之列，你也會得到你該得到的一切。

華勒沒有什麼驚世駭俗的才華，他只是一個窮苦的孩子，一個普普通通的送水工，但是憑著勤奮工作的美德，他幸運地被賞識，並一步一步地成長。王傑也不是天才，學歷比他高的人有，才能比他高的也有，可是只有他得到提拔，那是他用勤奮的汗水換來的。沒有什麼比這樣的故事更讓人心靈震顫的了，也沒有什麼比它更能洗滌我們被享樂和功利汙染的心靈的了。它不是發生在一九二〇、一九三〇年代，也不是距我們四、五十年，它就發生在現在，就發生在這個充滿了機遇和挑戰的競爭時代。它告訴我們，要想在這個時代脫穎而出，你就必須付出比以往任何時代更多的勤奮和努力，擁有積極進取、奮發向上的心，否則你只能由平凡轉為平庸，最後變成一個毫無價值和沒有出路的人。

所以，不管你現在所從事的是怎樣一種工作，不管你是一個水泥工人，還是一個IT菁英，只要你勤勤懇懇地努力工作，你就是成功的，就是令老闆認可的。

持之以恆是成功之本

從前，有一位老師傅給徒弟分配任務，他讓徒弟去挖口井。並對他說：「因為天天挑水太遠了，挖井是你這兩個月的任務。」

徒弟聽過之後信誓旦旦地說：「師傅放心吧！我一定能夠完成。」

徒弟找了塊地，就挖了起來，但是他挖了幾個星期也沒有挖出水來，於是他對師傅說：「這片地方都沒水．我得到其他地方挖。」

師傅說：「讓我看看。」

師傅到他挖的地方看了一下，只見滿地都是沒有挖出水的井。師傅指著其中一口井說：「就在這兒挖，我說停再停。」於是，徒弟按照師傅的吩咐就一直挖。

數天後，徒弟終於挖出了水。徒弟很奇怪，問師傅：「為什麼你知道那兒有水呢？」

師傅說：「不是我知道，而是你沒有在一處挖，所以不能出水呀。你想做好事的這種責任心是有的，但是如果你不能堅持下去，沒有韌性和耐性，你做什麼事情都是事倍功半啊！」

這個故事告訴我們，有些事情或者工作，僅憑責任意識是不夠的，只有落實責任意識，深化到每個細節裡，然後持之以恆地去做，最終才能取得成功。在成功的路上，你會遇到許多挫折，甚至因為某個環節出錯，導致一切心血都付之東流，一切都要從頭做起。這個時候不要氣餒，不要沮喪，「做不一定成功，但不做就一定不會成功」，只要以持之以恆的精神去做每一件事，或許看似成功還沒有來到，其實成功已經離你不遠了。

二次世界大戰期間，英國全境遭遇德國的狂轟亂炸之後，面對看似必敗無疑的局面，邱吉爾依舊持之以恆地領導英國人民堅決戰鬥，最終反敗為勝。同樣，一個人要想獲得成功，也需要有持之以恆的精神，具備了這種精神，你在面臨任何困難和問題時，都能夠迎難而上。

有一位歐洲科學家為了證實蚊子是瘧疾的傳播媒介，日復一日地和蚊子打交道。一八九三年的一天，他在顯微鏡下觀看了八個小時的蚊子，眼睛酸痛，視力模糊，外加天氣炎熱，蚊蟲叮咬，觀察難以繼續。可是他定了定神，繼續觀察。最終他在兩隻蚊子身上發現了與瘧疾寄生蟲的色素一樣的細而圓的細胞。正是由於這位科學家的責任感與堅持不懈的精神。他才取得了勝利，獲得了成功。

縱觀成功人士，我們可以發現，他們都有一個共同點——強烈的責任意識，不但如此，他們更加懂得，要完成自己肩負的重任，就得靠自己的韌性和耐性。事實也確實是這樣，最後的勝利往往就在堅持下去的努力之後。

一九六八年十月二十日墨西哥奧運會進行著馬拉松比賽，發令槍響近四個小時後，跑道上還有一位選手在艱難地跑著。他就是最後跑完比賽的坦尚尼亞選手阿赫瓦里。當時其他所有選手都早已結束了比賽，他才一瘸一拐地跑到終點。原來阿赫瓦里在比賽中不慎跌倒，腿上血流不止，還拉傷了肌肉。此時他雙腿綁著繃帶，沾滿鮮血。看到這個情形，數萬人的會場頓時變得安靜起來。接著全場觀眾起立，給予了阿赫瓦里雷鳴般的掌聲。後來記者採訪時，這樣問他：「受傷之後明知自己拿不到名次了，為什麼不索性退出比賽？」

阿赫瓦里答道：「我的國家從兩萬多公里外送我來這裡，不是派我來聽發令槍聲的，他們要我來衝過終點。」

也許阿赫瓦里在馬拉松賽場上不是最強的，但他強烈的責任意識卻讓人動容，而這種為了完成任務的毅力和韌性更是讓人欽佩。

阿赫瓦里之所以能有如此強大的意志力支撐他在重傷之後繼續堅持比賽，歸根結柢是他意識到自己不只是為個人比賽，而是帶著國家的榮譽來參加比賽的，這就是一種責任。

其實做事情也是一樣，當你面對極大壓力和艱鉅任務時，只有勇敢地承擔起來，並將壓力轉化為動力，努力地去打拚，靠堅強的意志力和堅韌的精神，戰勝一切困難，你就能取得最終的勝利。

香港億萬首富余彭年出生在湖南，二十六歲時他懷著對人生和夢想的追求，離開老家來到香港。由於人地生疏，加之他英文能力有限，聽不懂粵語，又沒有任何社會背景，連連碰壁後，他才找到了一份清潔工的工作。

那是一份薪水極低的工作，而每天要做的事只是周而復始地掃地、清洗廁所，這對於帶著為改變人生夢想來到香港的余彭年是一個沉重的打擊。但如果連這份工作也不做的話，他只有餓肚子了，所以再苦再累他也堅持了下去。

公司每星期正常的工作日只有五天，每逢週末，其他清潔工就都迫不及待地跑出去逛街、遊玩。余彭年也非常渴望欣賞一下當地的風景，但考慮到公司週六、週日會有人加班，而衛生沒有人打掃的話將會一團糟，他便在其他清潔工出去的時候獨自留下來打掃衛生。雖然這只是一份「額外」的工作，但他依然一絲不苟。公司老闆得知他這個清潔工在每個週末都是如此負責之後很是驚訝。第二天，老闆找他談

話，將他擢升為辦公室的一名員工。此後，他不斷晉升直至公司的總經理。在做了幾年的公司經理後，他向老闆提出了辭職，他要自己做生意。老闆欣然同意，並入股到他的公司。

從此余彭年的公司不斷發展壯大。

從故事中可以看出，余彭年做的雖然是很簡單的工作，但他還是認認真真地把它做好，沒有一絲懈怠，而要做到這一點需要持之以恆的精神。

因此，你在做事情時，即使是壓力重重，或是前方的路充滿了荊棘。你能做的就是要排除一切困難，承擔起屬於自己的那份責任，也許這份責任很重，超越了你的能力，但是只有堅守這份責任，用持之以恆的精神將它圓滿完成，就能為自己爭取到更多的發展機會。

腳踏實地，在平凡中成就夢想

許多人剛步入職場，就夢想明天當上總經理；剛創業，就期待自己能像比爾蓋茲一樣成為富人之首。要他們從基層做起，他們會覺得很丟臉，甚至認為這簡直是大材小用。儘管他們有遠大的理想，但缺乏專業的知識和豐富的經驗，缺乏腳踏實地的工作態度。

腳踏實地是職場人士所必備的素養，也是實現夢想、成就一番事業的關鍵因素，自以為是是腳踏實地工作的最大敵人。你若時時把自己看得高人一等，處處表現得比別人聰明，那麼你就會不屑於做別人的工作，不屑於做小事、做基礎的事。

每個職場中的人要想實現自己的夢想，就必須調整好自己的心態，打消投機取巧的念頭，從一點一滴的小事做起，在最基礎的工作中，不斷地提高自己的能力，為開始自己的職業生涯累積雄厚的實力。

事實上，無論多麼平凡的小事，只要從頭至尾徹底做成功，便是大事。假如你踏踏實實地做好每一件事，那麼絕不會庸庸碌碌地度過一生。

我們都是平凡人，只要我們抱著一顆平常心，踏實肯做，有水滴石穿的耐力，我們獲得成功的機會，肯定不比那些稟賦優異的人少到哪裡去。

美國已逝的總統羅斯福曾說過：「成功的平凡人並非天才，他資質平平，但卻能

把平平的資質，發展成為超乎平常的事業。」

有一位老教授說起過他的經歷：

「在我多年來的教學實踐中，發現有許多在校時資質平凡的學生，他們的成績大多在中等或中等偏下，沒有特殊的天分，有的只是安分守己的誠實性格。這些孩子走上社會參加工作，不愛出風頭，默默地奉獻。他們平凡無奇，畢業後，老師同學都不太記得他們的名字和長相。但畢業後幾年、十幾年中，他們卻帶著成功的事業回來看老師，而那些原本看來會有美好前程的孩子，卻一事無成。這是怎麼回事？

我常與同事一起思考，認為成功與在校成績並沒有什麼必然的聯繫，但與踏實的性格密切相關。平凡的人比較務實，比較能自律，所以許多機會落在這種人身上。平凡的人如果加上勤能補拙的特質，成功之門必定會向他大方地敞開。」

一個人如果有了腳踏實地的習慣，具有不斷學習的主動性，並積極為一技之長下工夫，那麼成功就會變得容易起來。一個肯不斷擴充自己能力的人，總有一顆熱忱的心，他們甘於凡人小事，肯做肯學，多方向人求教，他們出頭較晚，卻在各種不同職位上增長了見識，擴充了能力，學到許多不同的知識。

腳踏實地的人，能夠控制自己心中的激情，避免設定高不可攀、不切實際的目標，也不會憑藉僥倖去瞎闖，而是認認真真地走好每一步，踏踏實實地用好每一分鐘，甘於從基礎工作做起，在平凡中孕育和成就夢想。

職場中的人要記住：只有埋頭苦幹的人，才能顯出真正的聰明，才能成就一番事業。

李嘉誠說：「不腳踏實地的人，是一定要當心的。假如一個年輕人不腳踏實地，我們使用他就會非常小心。你造一座大廈，如果地基打不好，上面再牢固，也是要倒塌的。」

不積跬步，無以致千里；不積小流，無以成江河。凡成就一份功業，都需要付出堅強的心力和耐性，你想坐收漁利，那只能是白日做夢。你想憑僥倖靠運氣奪取豐碩的果實，運氣永遠不會光顧你。

專注，只有心無旁騖才能勝券在握

在做事情時，一個人如果以高度負責的精神，專心致志地投入其中，他就會感覺到樂趣，就會把事情做好。成功與失敗、高貴與卑賤、貧窮與富有，其實只是一步之差。這一步，就是有沒有執著的信念。全神貫注、專心不移的精神，常常可以使人取得成就。反過來說，不能保持專注，往往會功虧一簣。

弈秋是古代有名的棋手，有兩個學生慕名而來，同時拜他為師。弈秋一心想把自己的棋藝傳授給他們，講課十分認真。一個學生在上課時非常專心，而另一個學生表面上在認真地聽課，實際上精神卻很不集中。他看到大雁從窗外飛過，聯想到要吃天鵝肉……

弈秋講完課，就叫兩人對弈。學生根據老師的要求，對弈起來。開局不久，就見分曉：一個從容不迫地能攻能守，一個手忙腳亂地應付。弈秋一看，兩人的棋藝相差懸殊。他對棋藝差的學生說：「你們兩個人一起聽我講課，他能專心致志；而你呢，心不在焉。」

從這個故事可以看出，想做成一件事情，三心二意、心猿意馬是最大的絆腳石。人與人相比，聰明的程度相差不是很大。但如果專心的程度不同，取得的成績就大不一樣。凡是做事專心的人，往往成績卓著；而三心二意的人，終究得不到滿意的結果。

人要專心就能做成好多事。人的潛能是無限大的，只要專注於某一件事情，就一定會做出使自己感到吃驚的成績來。因為如果一個人專心致志地做事，就說明他已經有了明確的奮鬥目標，明白自己現在究竟要做什麼事，不達目的，絕不罷休，而且表明了排除干擾的決心。當一個人專心致志時，就彷彿完全進入了另一個世界，對周圍的喧鬧聲、說話聲就會聽而不聞。

要想專心致志地做好每一件事情，首先就要有一個明確的目標。當一個人對目標的追求成為執著的信念時，他會發現，他所有的行動都會帶領你朝著這個目標邁進。

香港第一富豪李嘉誠就是一個典型的例子。

李嘉誠還是一個小型塑膠花廠的經理時，他就意識到塑膠花的廣闊前景。他堅

信做好這一行一定會賺大錢。有了這個堅定的信念後，在大家還都沒有意識到這一點的時候，他就把所有的資金和精力都投入進去，招聘員工、引進生產線、擴大生產規模、提高塑膠花品質和增加種類，及時搶占了市場大部分份額，終於成為香港的塑膠大王，挖到人生的第一桶金，也為他日後組建長江實業與和記黃埔打下了堅實的基礎。

李嘉誠的故事告訴人們這樣一個道理：當你選定了一個明確的目標之後，你的時間、精力、才能、智慧與優勢，統統都會被集中到這個目標上來。

明確的目標往往具有一種聚焦作用。這種聚焦效應就像一面放大鏡。將散射的陽光聚焦，能使焦點之下的物體燃燒。人的目標意識也可以產生這麼一種效應，使人的聰明才智發出光和熱。

當一個人將自己的各種優勢。包括時間、精力、智慧、金錢等等都集中應用於特定的目標時，他就可望在這個目標上做出驚人的成績，獲得巨大的效益。常人的失敗，往往就在於目標不明確，或工作分散、精力不集中造成的。

當然，一個人完全可以透過鍛鍊而提高自己集中精力的能力。懂得這一點，是有莫大好處的。也就是說，經過一段時間的訓練，一個人精力集中的時間會逐漸延長，或者在圓滿結束一個問題之後，他能立即果斷而且精力充沛地轉入下一個問題。在這兩種專心的形式中，不論是哪一種。只要你知道應該做什麼，就等於成功了一半。

除了練習之外，避免精力分散的另一個簡單的方法，是避開外在的刺激，營造良好的辦公環境。一個人受工作環境的幫助或干擾的程度，直接與外在刺激的多少、強弱成正比。因此，你應該努力為自己創造有利於集中精力的工作環境。

西方工業心理學家們已經發現：一個人從喧鬧的環境轉到一個安靜的環境時，他做事的效率可以提高百分之三十五。隨著減少噪音的建築結構、隔音辦公設備的出現，使人感到辦公環境不斷得到改善，再沒有必要在那種干擾大、效率低、使人疲勞的辦公條件下工作。況且，人們還正在為現代化工廠、辦公大樓提供更為理想安靜的環境，做著大量的工作。

有計畫的做事，也有助於使人集中精力。這是因為事情被分成了一個個合適的部分，而成堆的事情往往使人無從著手。透過計畫，累積的問題被分解並排入進度

表，這就使克服惰性這一艱難的任務，變得簡明具體了。

成功的人們無不對這一點堅信不疑：計畫表和進度表，是督促精力集中的有力工具。成功者的口號是：一次做一件事——在最適當的時間，做最重要的事情。比如，他要求手下雇員在進度表限定的時間內，向他提交一切必須提供的重大問題，這就是一種在進度計畫表的基礎上進行的特殊情況管理。

總之，在做事情時要做到心無旁騖，專心致志。如果缺乏專注的態度，就會導致紕漏百出，這就是對自己的不負責。因此，做事情時一定要專心致志。

成就事業需要強大的信心

信心代表著一個人在事業中的精神狀態和把握工作的熱忱以及對自己能力的正確認知。有了這樣一份信心，工作起來就有熱情，有幹勁，可以勇往直前。當然，有時候我們也會面對失敗和挫折，但這些並不可怕，因為你經歷一次打擊便學到了一份知識，便累積了一次力量和勇氣。所以，在任何困難和挑戰面前首先要相信自己。

辯證法告訴我們，不是因為有些事情難以做到，我們才失去自信；而是因為我們失去了自信，有些事情才難以做到。

人最大的敵人通常是自己，在工作上遭遇到的最大問題，往往是缺乏自信。缺乏自信的現象包括「告訴自己做不到」、「懷疑自己無法獲得成功」、「對自己的現狀不滿意」、「擔心自己會失敗」、「覺得自己沒有目標和安全感」，這一切都會影響你的行動，讓你缺乏應有的活力。

自信與人的積極行動之間有著必然的聯繫。唯有懷抱一顆自信的心，才能真心擔起應負的責任。如果有堅定的自信，即使平凡的人，也能成就驚人的事業來；缺乏信心則可能一事無成。一個人的成就，絕不會超出他自信所能達到的高度。

當亨利．福特在底特律生產汽車，並進行試車的時候，許多人都冷嘲熱諷，認為汽車是昂貴不實用的東西，誰會為了那個「會跑的鐵盒子」掏腰包呢？然而福特並不為所動，並且信心十足地預言：「在不久的將來，汽車會跑遍整個地球。」最後，福特的預言成了事實。

這之後，福特在開發V型引擎的時候又面臨困難。福特想要製造一個八氣缸的引擎，當他把構想告訴技術人員時，他遭到了一致的反對。技術人員告訴他，根據理論，八氣缸引擎的製作是不可能的。

但福特堅信可行，他要求不管花多少時間和代價，一定要開發出來。在福特的堅持下，花了一年多的時間，經過不斷的研究和試驗，終於突破難關，完成八氣缸V型引擎的製造。

福特的成功說明了信心力量的偉大，與金錢、權力、出身相比，自信是你最重要的東西，它是你從事任何事業最可靠、最有價值的資本。

把事業當作你的生命

當一個人視自己的事業如自己的生命一般神聖，當一個人把自己的全部精力都投入到某一工作中去，可以說沒有什麼做不成功的事。

張藝謀的成功在很大程度上要來源於他對電影藝術的誠摯熱愛和忘我投入。正如傳記作家王斌所說的那樣：「超常的智慧和敏捷固然是張藝謀成功的主要因素，但驚人的勤奮和刻苦也是他成功的重要條件。」

拍《紅高粱》的時候，為了表現劇情的氛圍，他能帶人親自去種出一塊一百多畝的高粱地；為了「顛轎」一場戲中轎夫們顛著轎子踏得山道塵土飛揚的鏡頭，張藝謀硬是讓大卡車拉來十幾車黃土，用篩子篩細了，撒在路上；在拍《菊豆》中楊金山溺死在大染池一場戲時，為了替攝影機找一個最好的角度，更是為了照顧演員的身體，張藝謀自告奮勇地跳進染池充當「替身」，一次不行再來一次，直到攝影師滿意為止。

敬業不僅意味著不畏辛勞，全身心的投入，更意味著一種獻身的熱情與勇氣。如果一個人為了事業，可以不顧惜臉面，甚至不顧惜生命，那麼，就沒有什麼困難克服不了，沒有誰能與之匹敵。

一九八六年，攝影師出身的張藝謀被吳天明點將出任《老井》一片的男主角。沒有任何表演經驗的張藝謀接到任務，二話不說，進農村了。

他剃光了頭，穿上工作服，露出了光背脊，就吃住在太行山一個偏僻、貧窮的

山村。每天他與村民一起上山務農，一起下溝擔水。為了使皮膚粗糙、黝黑，他每天中午光著上身在烈日下曝晒。為了使雙手變得粗糙，每次攝製組開會，他不坐板凳，而是學著農民的樣子蹲在地上，用沙土搓揉手背。為了電影中的兩個短鏡頭，他製作豬食槽子連續製作了兩個月。為了影片中那不足一分鐘的背石鏡頭，張藝謀實實在在地背了兩個月的石板，一天三塊，每塊七十五公斤。

在拍攝過程中，張藝謀為了達到逼真的視覺效果，真跌真打，主動受罪。在拍「捨身護井」時，他真跳，摔得渾身痠痛；在拍「村落械鬥」時，他真打，打得鼻青臉腫。更有甚者，在拍旺泉和巧英在井下那場戲時，為了找到垂死前那種奄奄一息的感覺，他硬是三天半滴水未沾，粒米未進，連滾帶爬拍完了全部鏡頭。

張藝謀因此而榮獲第二屆東京國際電影節最佳男主角獎，中國第十一屆百花獎最佳男主角獎，第八屆金雞獎最佳男主角獎。

認識張藝謀的人，都知道他是一個工作狂。一旦他在做一件事，或是在思考一件事，他可以不吃不睡，連日忙碌，而且又總是樂此不疲。

在拍攝電影時，張藝謀的工作精神讓許多人都佩服不已。白天拍了一天戲，晚上還要開會討論劇本，而第二天早晨在分鏡頭時，人們又會發現許多他自己新創作出的場景和對話。算起來，他每天至多睡四、五個小時。而有了剪輯電腦以後，他每天在開完會後還要剪片，以便發現問題，及時補救。這樣一來，他的睡覺時間每天實際上也就兩三個小時了。

張藝謀最大的愛好就是談藝術、談劇本。在這一過程中，電影的基本創作思路和情節安排常常就敲定下來了。為了一個問題，他可以一夜不睡，與人聊個沒完。最常見的情形是，與他對談的人都支撐不住，昏然入睡，而他仍舊精神飽滿。這裡，體力固然是很重要的一個方面，但若沒有熱愛藝術這一精神支柱，沒有誰能長期堅持下去，並創造出這樣輝煌的藝術成果。

張藝謀說：「我不想做穩穩當當高懸天際的恆星，而寧可像一顆流星那樣，雖然轉瞬即逝，卻全部閃出它灼目的光芒。」這就是張藝謀的人生觀，他要把生命與藝術創作聯繫起來，並願意為了藝術而奉獻自己全部的智慧、熱情、精力，甚至生命。

從張藝謀的身上，我們不難讀出敬業精神的內涵。在他這裡，工作是一種責任，一種事業，一種信仰，一種追求，一種凝結著心血和夢想的藝術品。試想，當

我們對一項工作投入所有的時間和精力去努力時，最終會一無所成嗎？

敬業，無疑是一個人成功的第一大要素。對此，愛迪生是這樣理解的：「事業心將你的身體與心智的能量鍥而不捨地運用在同一個問題上而不厭倦。大多數人都在做事，從早忙到晚，也很努力。唯一的問題是，他們在這些時間裡做很多事，而我只做一件。假如你們將這些時間運用在一個方向、一個目標上，你們同樣也能夠成功。」朋友，把工作當成你的事業吧！相信現在的每一分努力，都是為自己的美好未來奠定厚實的基礎。

電子書購買

國家圖書館出版品預行編目資料

要主動不要聲控，避免成為「按鈕型」員工！：愛找藉口、自以為是、整天裝忙……你是同事眼中的雷隊友嗎？/ 蔡賢隆，楊林著 . -- 第一版 . -- 臺北市：崧燁文化事業有限公司，2022.02

面；　公分

POD 版

ISBN 978-626-332-042-0(平裝)

1.CST: 職場成功法

494.35　　111000646

要主動不要聲控，避免成為「按鈕型」員工！愛找藉口、自以為是、整天裝忙……你是同事眼中的雷隊友嗎？

臉書

作　　者：蔡賢隆，楊林

發 行 人：黃振庭

出 版 者：崧燁文化事業有限公司

發 行 者：崧燁文化事業有限公司

E-mail：sonbookservice@gmail.com

粉 絲 頁：https://www.facebook.com/sonbookss/

網　　址：https://sonbook.net/

地　　址：台北市中正區重慶南路一段六十一號八樓 815 室

Rm. 815, 8F., No.61, Sec. 1, Chongqing S. Rd., Zhongzheng Dist., Taipei City 100, Taiwan

電　　話：(02) 2370-3310　　　傳　　真：(02) 2388-1990

印　　刷：京峯彩色印刷有限公司（京峰數位）

律師顧問：廣華律師事務所 張珮琦律師

定　　價：299 元

發行日期：2022 年 02 月第一版

◎本書以 POD 印製